■ 建设行业绿色发展技术丛书

绿色建造
管理实务

北京绿色建筑产业联盟　组织编写

刘占省　及炜煜　陆泽荣　　主编

中国建筑工业出版社

图书在版编目（CIP）数据

绿色建造管理实务 / 北京绿色建筑产业联盟组织编
写；刘占省，及炜煜，陆泽荣主编 . —北京：中国建
筑工业出版社，2022.9
　（建设行业绿色发展技术丛书）
　ISBN 978-7-112-27884-8

Ⅰ.①绿⋯　Ⅱ.①北⋯　②刘⋯　③及⋯　④陆⋯　Ⅲ.
①生态建筑−研究−中国　Ⅳ.①TU-023

中国版本图书馆 CIP 数据核字（2022）第 167908 号

　　　　　　本书是一本系统介绍绿色建造施工管理理论、管理方法、案例应用分析为主题的书
籍，为更好地将绿色、低碳、智能化形式服务于建筑行业的发展提供了应用范例。本书属
于理论与技术应用相结合型，理论基础扎实、案例丰富，有创新性、前瞻性，本书材的编
写契合了时代发展的需要，对推动绿色建造的研究和应用，促进我国建设行业转型升级、
实现高质量发展将提供重要的理论与技术支撑和典型示例。
　　　　　　本书贴近实际工程，结合新兴绿色、环保、智能技术，满足培养新型工科技术人才的
需求，符合新工科教育改革的方向。

责任编辑：毕凤鸣
责任校对：赵　菲

建设行业绿色发展技术丛书
绿色建造管理实务
北京绿色建筑产业联盟　组织编写
刘占省　及炜煜　陆泽荣　主编

*

中国建筑工业出版社出版、发行（北京海淀三里河路9号）
各地新华书店、建筑书店经销
华之逸品书装设计制版
北京云浩印刷有限责任公司印刷

*

开本：787毫米×1092毫米　1/16　印张：15¼　字数：274千字
2022年11月第一版　　2022年11月第一次印刷
定价：**45.00**元
ISBN 978-7-112-27884-8
（39931）

丛书编审委员会

编审委员会主任：陆泽荣

编审委员会副主任：刘占省　王京京　及炜煜　应小军

编审委员会成员：（排名不分先后）

杨晓毅	张建江	线登洲	费　恺	董佳节	隗　刚
徐　志	秦树东	张　磊	陈　凯	温少鹏	夏正茂
王世征	赵丽娅	杜　磊	线劲松	王国建	罗维成
曾　涛	梁德栋	杨震卿	王慧杰	潘天华	朱昊梁
胡妍燕	洪　平	肖玉宝	刘文英	王闫佳兴	张丽丽
苏　乾	胡　焕	张现林	周茂坛	路永彬	黄初涛
朱镜全	杨春晓	伍瑶熙	吴　杰	马清军	姜德义
李春泽	计凌峰	黄思阳	丁立国	郂　龙	周宇辰
孙　洋	张中华	赵士国	陈玉霞	王晓琴	赵晓霞
谷洪雁	王光敏	王艳梅	张超逸		

《绿色建造管理实务》编审人员名单

主　编：刘占省　北京工业大学
　　　　及炜煜　北京工业大学
　　　　陆泽荣　北京绿色建筑产业联盟

副 主 编：应小军　中电建建筑集团有限公司
　　　　王京京　北京工业大学
　　　　杨晓毅　中国建筑一局（集团）有限公司
　　　　梁德栋　北京北控京奥建设有限公司

编写人员：（排名不分先后）
　　　　赵玉红　刘瑞瑞　北京工业大学
　　　　线登洲　赵丽娅　杜　磊　线劲松　河北建工集团有限公司
　　　　张建江　罗维成　中电建建筑集团有限公司
　　　　费　恺　董佳节　北京城建亚泰建设集团有限公司
　　　　隗　刚　北京道亨软件股份有限公司
　　　　温少鹏　夏正茂　王世征　中电建（西安）轨道交通建设有限公司
　　　　朱昊梁　华南理工大学
　　　　张　磊　北京市第三建筑工程有限公司
　　　　潘天华　北京市第五建筑工程集团有限公司
　　　　陈　凯　陕西省建筑业协会
　　　　张现林　河北建设人才与教育协会

张丽丽　北京工业职业技术学院

胡妍燕　景德镇市建筑设计院有限公司

洪　平　中国葛洲坝集团路桥工程有限公司

孟鑫桐　广联达科技股份有限公司

王朝晖　上海纵核信息技术有限公司

刘文英　北京季昌元盛生态园林有限公司

周茂坛　轻创（广东）咨询服务有限公司

胡　焕　中新城镇化（北京）科技有限责任公司

黄初涛　朱镜全　杨春晓　云南天启建设工程咨询有限公司

马清军　姜德义　北京金正恒大建设工程有限公司

序 言

2022年10月16日，在中国共产党第二十次全国代表大会开幕会上，习近平总书记提出，高质量发展是全面建设社会主义现代化国家的首要任务。作为我国国民经济的支柱产业，建筑业的高质量发展不仅是国民经济高质量发展的重要组成部分，同时也是国民经济其他行业和部门高质量发展的重要前提和保障。自改革开放至今，建筑业发展已取得了丰硕的成果，为促进经济增长、缓解社会就业压力、推进新型城镇化建设、保障和改善人民生活、决胜全面建成小康社会做出了重要贡献。然而，建筑业目前依然存在发展质量和效益不高的问题，住房和城乡建设部发布的《"十四五"建筑业发展规划》中指出：建筑业发展方式粗放、劳动生产率低、高耗能高排放、市场秩序不规范、建筑品质总体不高、工程质量安全事故时有发生等，与人民日益增长的美好生活需要相比仍有一定差距。总而言之，在"十四五"期间，建筑业实现高质量转型发展任务艰巨，挑战巨大。

实现建筑业高质量发展，一方面，行业需要平衡生态环境保护和经济发展的关系，将建筑业的生产方式、产业结构从过去高消耗、低产出的粗放型发展模式逐步向低消耗、低排放、高效率的可持续发展模式转变；另一方面，行业不应再以建筑业规模和总量作为单一发展目标，而要同时兼顾发展效益、产品质量、产出效率、资源消耗和环境影响，从量的扩张转向质的提升。

推行绿色建造是助力建筑业实现高质量发展的重要抓手，住房和城乡建设部在《"十四五"建筑业发展规划》(以下简称《规划》)中将坚持创新驱动，绿色发展作为建筑业发展的基本原则之一，并将推广绿色建造列为建筑业在"十四五"期间的重要发展目标和主要任务，具体包括：初步形成绿色低碳生产方式，初步建立绿色建造政策、技术、实施体系，加快推行绿色建造方式，不断提高工程建设集约化水平，建设一批绿色建造示范工程等。由此可见，无论是面向国家高质量发展的方针大计，还是落实建筑行业在"十四五"期间的发展战略，推广绿色建造方式都是建筑业的艰巨任务。

推行绿色建造同样是建筑业助力国家实现碳达峰、碳中和目标的重要途径。在第七十五届联合国大会一般性辩论上，习近平总书记宣布，中国将力争2030年前 CO_2 排放达到峰值，努力争取2060年前实现碳中和。建筑业作为社会三大用能部门（工业、交通、建筑）之一，与能源消耗和碳排放密切相关，据专业机构统计，2019年，建筑全过程碳排放占中国全社会能源碳排放的50%，由此可见，建筑领域的节能减排，是国家实现"双碳"目标的重要突破口。

在住房和城乡建设部发布的《绿色建造技术导则（试行）》中，绿色建造被定义为"按照绿色发展的要求，通过科学管理和技术创新，采用有利于节约资源、保护环境、减少排放、提高效率、保障品质的建造方式，实现人与自然和谐共生的工程建造活动。"绿色施工是绿色建造的重要组成部分，也是持续时间较长、资源消耗集中、对环境影响较大的阶段，因此开展绿色施工对成功推行绿色建造有重要的积极意义。推广绿色施工，从住房和城乡建设部到各地方建筑行业主管部门都已出台了一系列规范，如《绿色施工导则》、《建筑工程绿色施工规范》GB/T 50905-2014等。然而，政策只能作为助力，并不能保证绿色施工管理的高效落实。绿色施工管理是一项专业性、实践性极强的工作，对从业人员也具有极高的要求，不仅要求其掌握全面的建筑施工管理知识、还需要明晰各级政府出台的环境保护规范，同时熟悉"四节一环保"相关的各项技术措施，在发展绿色建造的背景下，从业人员还应积极拥抱包括BIM、物联网、人工智能、大数据等一系列新兴信息技术，利用技术革新建筑业生产力、提高生产效率、实现节能减排的目标。可以说，建筑业大力推广绿色建造，将对建筑施工管理人员提出新的要求和挑战，也带来新的机遇。

好的教材是培养绿色建造管理人才的基础保障，尤其是实践性强的绿色建造管理实务类教材。由于住房和城乡建设部刚刚于2021年发布《绿色建造技术导则（试行）》，明确绿色建造的总体要求、主要目标和技术措施；并且绿色建造相关技术发展迅速，因此，需要以绿色建造为落脚点，重新梳理绿色施工项目的管理手段和管理措施，并且补充绿色建造相关的新兴信息技术。另外，现有教材普遍注重理论知识，实践指导性偏弱，缺乏值得借鉴的具体案例，北京工业大学几位教师编写的这本《绿色建造管理实务》可弥补这方面的欠缺。这本书不但从知识上介绍了绿色建造项目管理的手段、绿色施工措施及实施重点、绿色施工与新技术，还援引诸多案例来详细说明 BIM、物联网、虚拟现实等新技术如何在绿色施工中应用，从而助力建筑项目实现节能环保的目标。另外，本书囊括了三个绿色施工典型案例，分别侧重绿色施工新技术及创新应用、"四节一环保"的各项措施、以及典型装配式建筑工程项目的绿色施工方案和建筑业十项新技术，可为施工企业开展绿色建造施工管理提供有价值的参考。

我衷心祝贺《绿色建造管理实务》一书能得以顺利出版，相信本书会助力绿色建造施工管理人才的培养，为建筑领域实现"碳达峰""碳中和"目标，实现"十四五"期间高质量发展目标贡献力量。

北京城建集团有限公司总工程师、北京学者　李久林

前　言

在第七十五届联合国大会一般性辩论上，中国向世界承诺，中国将力争2030年前CO_2排放达到峰值，努力争取2060年前实现碳中和。中共中央在《关于制定国民经济和社会发展第十四个五年规划和二〇三五年远景目标的建议》中也明确提出："推动绿色发展，促进人与自然和谐共生。坚持绿水青山就是金山银山理念，坚持尊重自然、顺应自然、保护自然，坚持节约优先、保护优先、自然恢复为主，守住自然生态安全边界。深入实施可持续发展战略，完善生态文明领域统筹协调机制，构建生态文明体系，促进经济社会发展全面绿色转型，建设人与自然和谐共生的现代化。"可见，积极推行绿色施工，达成建筑全生命周期内的低碳、节能、绿色环保要求，是中国建筑行业践行习近平生态文明思想，实现建筑行业可持续发展的必经之路。

为推动建筑业的低碳转型，绿色发展，贯彻党中央关于碳达峰、碳中和的重大决策，2021年，住房和城乡建设部发布了《绿色建造技术导则（试行）》，该导则明确了绿色建造的总体要求、主要目标和技术措施，是当前和今后一个时期指导绿色建造工作、推进建筑业转型升级和城乡建设绿色发展的重要文件。

绿色施工是绿色建造的重要阶段，重点是在施工过程中强调节约资源能源，减少废弃物排放，解决环境保护问题。由于建筑施工阶段资源消耗较集中，对环境影响较大，推行绿色施工对实现建筑行业节能减排、可持续发展有着积极重要的意义。2014年，住房和城乡建设部颁发的《绿色施工导则》建质〔2007〕223号和《建筑工程绿色施工规范》GB/T 50905—2014中，对绿色施工提出了实现四节一环保（节能、节地、节水、节材和环境保护）的目标。近年来，随着以人为本观念的深入，节约保护人力资源也成为绿色施工的目标之一；

此外，随着信息技术的发展，BIM技术、物联网、虚拟现实、数字孪生、大数据等新兴技术逐渐被建筑行业采纳应用，使得传统的建筑业不断升级生产方式，向智能化、绿色化方向健康发展。

本书围绕绿色施工展开，系统介绍绿色建造施工管理理论、管理方法、绿色施工管理措施，以及新兴信息技术在绿色施工中的应用，为更好地将绿色、低碳、智能化形式服务于建筑行业的发展提供了应用范例。为了体现实务的特点，本书在第6章中提供三项绿色施工典型案例，三项案例各有特色，绿色施工方案完整翔实，反映了我国大型施工单位在绿色施工方面的经验和理念。

本书将绿色施工理论与绿色施工技术应用相结合，理论基础扎实、案例丰富，有创新性、前瞻性，本书的编写契合了时代发展的需要，对推动绿色建造的研究和应用，促进我国建设行业转型升级、实现高质量发展将提供重要的理论与技术支撑和典型示例。希望读者朋友们通过阅读此书系统了解绿色施工的相关知识，掌握绿色施工管理的要点，从国家大型建筑企业的绿色施工案例中学到经验，也诚挚地欢迎广大读者对本书内容提出建议，不吝赐教，我们将在后续不断完善修正。

目 录

第1章 绿色施工管理   **001**

1.1 绿色建造的定义 ……………………………………………… 002

1.2 绿色施工的定义 ……………………………………………… 003

1.3 绿色施工的相关概念 ………………………………………… 004

   1.3.1 绿色施工与绿色建造 …………………………………… 004

   1.3.2 绿色施工与文明施工 …………………………………… 005

   1.3.3 绿色施工与节约型工地 ………………………………… 006

   1.3.4 绿色施工与绿色建筑 …………………………………… 006

1.4 绿色施工的目的 ……………………………………………… 007

1.5 绿色施工的意义 ……………………………………………… 008

1.6 绿色施工的总体框架 ………………………………………… 009

课后习题 …………………………………………………………… 010

第2章 绿色施工项目管理   **011**

2.1 绿色施工策划与准备 ………………………………………… 012

   2.1.1 绿色施工策划 …………………………………………… 012

   2.1.2 绿色施工准备 …………………………………………… 012

   2.1.3 绿色施工主要影响因素 ………………………………… 013

2.2 绿色施工组织管理 …………………………………………… 014

   2.2.1 绿色施工管理模式 ……………………………………… 014

   2.2.2 绿色施工措施要点 ……………………………………… 014

2.3 绿色施工检查与评价 ………………………………………… 019

    2.3.1 绿色施工检查评分 ·· 019

    2.3.2 检查内容和要求 ·· 022

    2.3.3 绿色施工评价 ·· 022

课后习题 ·· 023

第3章　绿色施工措施及实施重点　　025

3.1 环境保护措施及实施重点 ·· 026

    3.1.1 扬尘控制 ·· 026

    3.1.2 噪声与振动控制 ·· 032

    3.1.3 光污染控制 ·· 037

    3.1.4 废（污）水排放控制 ·· 039

    3.1.5 废气排放控制 ·· 044

    3.1.6 固体废弃物处理 ·· 047

    3.1.7 液体材料污染控制 ·· 050

    3.1.8 地上、地下设施和文物保护 ··· 052

3.2 节材与材料资源利用措施及实施重点 ································· 053

    3.2.1 材料选用 ·· 054

    3.2.2 现场材料管理 ·· 054

    3.2.3 节材措施及方法 ·· 056

    3.2.4 材料再生利用 ·· 091

3.3 节水与水资源利用措施及实施重点 ····································· 098

    3.3.1 用水管理 ·· 098

    3.3.2 节水措施及方法 ·· 100

    3.3.3 水资源利用 ·· 106

3.4 节能与能源利用措施及实施重点 ······································· 110

    3.4.1 节能管理 ·· 111

    3.4.2 节能措施及方法 ·· 111

    3.4.3 可再生能源利用 ·· 119

3.5 节地与土地资源保护措施及实施重点 ································· 125

    3.5.1 节地管理 ·· 125

    3.5.2 节地措施及方法 ·· 126

3.5.3 土地资源保护措施 ………………………………………… 129

3.6 人力资源节约与保护措施及实施重点 ………………………… 129

　3.6.1 人力资源节约管理 ……………………………………… 129

　3.6.2 人力资源保护管理 ……………………………………… 130

　3.6.3 人力资源节约与保护的措施及方法 …………………… 132

课后习题 ………………………………………………………… 136

第4章　绿色施工与新技术　　　　　　　　　　　　　　137

4.1 BIM技术 ……………………………………………………… 138

　4.1.1 BIM技术概述 …………………………………………… 138

　4.1.2 BIM技术在绿色施工中的应用 ………………………… 138

4.2 物联网技术 …………………………………………………… 142

　4.2.1 物联网技术概述 ………………………………………… 142

　4.2.2 物联网在绿色施工中的应用 …………………………… 144

4.3 虚拟现实技术 ………………………………………………… 148

　4.3.1 虚拟现实技术概述 ……………………………………… 148

　4.3.2 虚拟现实技术在绿色施工中的应用 …………………… 152

4.4 图像识别技术 ………………………………………………… 154

　4.4.1 图像识别技术概述 ……………………………………… 154

　4.4.2 图像识别技术在绿色施工中的应用 …………………… 155

4.5 RFID技术 ……………………………………………………… 157

　4.5.1 RFID技术概述 …………………………………………… 157

　4.5.2 RFID技术在绿色施工中的应用 ………………………… 157

4.6 数字孪生技术 ………………………………………………… 158

　4.6.1 数字孪生技术概述 ……………………………………… 158

　4.6.2 数字孪生技术在绿色施工中的应用 …………………… 159

4.7 大数据技术 …………………………………………………… 161

　4.7.1 大数据技术概述 ………………………………………… 161

　4.7.2 大数据技术在绿色施工中的应用 ……………………… 163

4.8 低碳混凝土技术 ……………………………………………… 165

课后习题 ………………………………………………………… 166

第5章　绿色施工与"双碳"　　　　**167**

5.1 碳达峰、碳中和的相关概念 ⋯⋯⋯⋯⋯⋯⋯⋯⋯⋯⋯ 168

5.2 "双碳"提出的背景和意义 ⋯⋯⋯⋯⋯⋯⋯⋯⋯⋯⋯ 169

5.3 建筑全过程的碳排放 ⋯⋯⋯⋯⋯⋯⋯⋯⋯⋯⋯⋯⋯ 170

5.4 建筑施工碳排放量测算 ⋯⋯⋯⋯⋯⋯⋯⋯⋯⋯⋯⋯ 171

　　5.4.1 建筑碳排放相关概念 ⋯⋯⋯⋯⋯⋯⋯⋯⋯⋯ 171

　　5.4.2 建筑施工碳排放 ⋯⋯⋯⋯⋯⋯⋯⋯⋯⋯⋯⋯ 171

5.5 绿色施工与"双碳"目标 ⋯⋯⋯⋯⋯⋯⋯⋯⋯⋯⋯ 174

　　5.5.1 发展装配式钢筋、混凝土结构建筑 ⋯⋯⋯⋯⋯ 174

　　5.5.2 发展装配式木结构建筑 ⋯⋯⋯⋯⋯⋯⋯⋯⋯ 175

　　5.5.3 发展低碳建筑材料 ⋯⋯⋯⋯⋯⋯⋯⋯⋯⋯⋯ 177

　　5.5.4 发展智能建造技术 ⋯⋯⋯⋯⋯⋯⋯⋯⋯⋯⋯ 178

　　5.5.5 合理使用施工机械 ⋯⋯⋯⋯⋯⋯⋯⋯⋯⋯⋯ 179

课后习题 ⋯⋯⋯⋯⋯⋯⋯⋯⋯⋯⋯⋯⋯⋯⋯⋯⋯⋯⋯ 180

第6章　绿色施工典型案例分析　　　　**181**

6.1 案例1：长沙国金中心项目 ⋯⋯⋯⋯⋯⋯⋯⋯⋯⋯ 182

　　6.1.1 工程概况 ⋯⋯⋯⋯⋯⋯⋯⋯⋯⋯⋯⋯⋯⋯ 182

　　6.1.2 绿色施工相关措施 ⋯⋯⋯⋯⋯⋯⋯⋯⋯⋯⋯ 183

　　6.1.3 案例总结 ⋯⋯⋯⋯⋯⋯⋯⋯⋯⋯⋯⋯⋯⋯ 189

6.2 案例2：大连中心·裕景ST1塔楼项目 ⋯⋯⋯⋯⋯⋯ 190

　　6.2.1 工程概况 ⋯⋯⋯⋯⋯⋯⋯⋯⋯⋯⋯⋯⋯⋯ 190

　　6.2.2 绿色施工相关措施 ⋯⋯⋯⋯⋯⋯⋯⋯⋯⋯⋯ 190

　　6.2.3 绿色施工效益分析 ⋯⋯⋯⋯⋯⋯⋯⋯⋯⋯⋯ 195

　　6.2.4 案例总结 ⋯⋯⋯⋯⋯⋯⋯⋯⋯⋯⋯⋯⋯⋯ 196

6.3 案例3：上海市街坊灵石社区保障房项目 ⋯⋯⋯⋯⋯ 196

　　6.3.1 工程概况 ⋯⋯⋯⋯⋯⋯⋯⋯⋯⋯⋯⋯⋯⋯ 196

　　6.3.2 绿色施工目标 ⋯⋯⋯⋯⋯⋯⋯⋯⋯⋯⋯⋯ 197

　　6.3.3 绿色施工相关措施 ⋯⋯⋯⋯⋯⋯⋯⋯⋯⋯⋯ 199

　　6.3.4 创新技术措施 ⋯⋯⋯⋯⋯⋯⋯⋯⋯⋯⋯⋯ 206

　　6.3.5 案例总结 209

第7章　绿色施工未来发展 　　211

7.1 绿色施工政策建议 212

　　7.1.1 完善绿色施工法规与标准 212

　　7.1.2 制定绿色施工激励政策 213

7.2 绿色施工技术发展 214

7.3 工程绿色管理制度 214

7.4 绿色施工人才培养 215

参考文献 217
北京绿色建筑产业联盟文件 221

第 1 章

绿色施工管理

导读：随着可持续发展、绿水青山就是金山银山等发展理念的深入，建筑行业也开始积极探索低碳环保的产业转型之路，施工是建筑寿命周期内的重要阶段，对环境影响大、涉及人员众多、环境影响密集，因而有必要积极探索绿色施工的各项举措来减少工程建设对生态环境的负面影响。本章将对绿色施工定义、绿色施工涉及的相关概念、绿色施工的目的、意义和总体框架展开介绍。

1.1 绿色建造的定义

在2020年联合国大会上，中国向世界承诺在2030年前实现碳达峰，2060年前实现碳中和的宏伟目标，作为我国能源消耗最高的三大领域之一，国民经济的支柱产业，建筑业面临的低碳转型、绿色发展的任务十分艰巨。为贯彻党中央关于碳达峰、碳中和的重大决策，2021年3月16日，住房和城乡建设部办公厅发布了《绿色建造技术导则（试行）》（以下简称《导则》），明确了绿色建造的总体要求、主要目标和技术措施，是当前和今后一个时期指导绿色建造工作、推进建筑业转型升级和城乡建设绿色发展的重要文件。

在《导则》中，绿色建造被定义为"按照绿色发展的要求，通过科学管理和技术创新，采用有利于节约资源、保护环境、减少排放、提高效率、保障品质的建造方式，实现人与自然和谐共生的工程建造活动"。绿色建造统筹考虑建筑工程质量、安全、效率、环保、生态等要素，坚持因地制宜，坚持策划、设计、施工、交付全过程一体化协同，强调建造活动的绿色化、工业化、信息化、集约化和产业化的属性特征。

绿色建造的主要技术要求有四个方面：一是采用系统化集成设计、精益化生产施工、一体化装修的方式，加强新技术推广应用，整体提升建造方式工业化水平。二是结合实际需求，有效采用BIM、物联网、大数据、云计算、移动通信、区块链、人工智能、机器人等相关技术，整体提升建造手段信息化水平。三是采用工程总承包、全过程工程咨询等组织管理方式，促进设计、生产、施工深度协同，整体提升建造管理集约化水平。四是加强设计、生产、施工、运营全产业链上下游企业间的沟通合作，强化专业分工和社会协作，优化资源配置，构建绿色建造产业链，整体提升建造过程产业化水平。

1.2 绿色施工的定义

施工是建筑生命周期内的重要阶段，持续时间较长，资源消耗较集中，对环境影响较大，因此，推行绿色施工对实现建筑行业节能减排，可持续发展有着积极重要的意义。关于绿色施工的定义，不同的行业管理部门与学术机构都曾给出不同的表述。由住房和城乡建设部主管部门发的《绿色施工导则》和《建筑工程绿色施工规范》GB/T 50905—2014中，绿色施工被定义为"在保证质量、安全等基本要求的前提下，通过科学管理和技术进步，最大限度地节约资源，减少对环境负面影响，实现节能、节地、节水、节材和环境保护（"四节一环保"）的建筑工程施工活动。"

全国各地方管理机构也针对绿色施工做出过一系列规范，比如，在北京市建设委员会联合北京市技术监督局于2018年发布的《绿色施工管理规程》DB11/T 513—2018中，绿色施工被认为是"建设工程施工阶段严格按照建设工程规划、设计要求，通过建立管理体系和管理制度，采取有效的技术措施，全面贯彻落实国家关于资源节约和环境保护的政策，最大限度节约资源，减少能源消耗，降低施工活动对环境造成的不利影响，提高施工人员的职业健康安全水平，保护施工人员的安全与健康。"

近年来，随着科学发展观的深入贯彻，"以人为本"的发展理念也成为工程建设行业的共识，工程参与人员的健康安全保护、人力成本节约等问题逐渐得到全行业重视。在这种背景下，在原有的住房和城乡建设部提出的"四节一环保"基础之上，如今的绿色施工又增添了人力资源节约与保护的内容，成为"五节一环保"。

尽管绿色施工的定义有多种不同的文字表述，其核心内涵都是在保证工程质量的基础上，通过有效的技术手段与科学的管理方法来实现施工阶段内的节约资源与能源、保证人员健康、促进建筑行业的可持续发展。绿色施工是一项综合性很强的系统工程，其具体内涵可以从以下几个方面来解读：

首先，绿色施工是可持续发展观在工程建设中的应用体现，既有对自然环境的保护，也充满人性关怀。绿色施工关注的不仅是工程本身，而是工程、人类、自然三者的和谐共生。建筑行业发展至今，已在中国经济的快速发展中占据重要位置，未来更要秉承"绿水青山就是金山银山"的理念，兼顾生态文明建设与生态环境保护，实现行业健康可持续的发展。

其次，绿色施工是一项系统工程，以绿色环保为核心理念，以节能环保技术和科学的管理方法为手段，综合考虑工程安全性、可靠性、经济性等多方面，对施工组织设计、施工方案、建筑材料的选择和运输、工程设备的使用等进行优化改进，以达到施工全过程降低环境污染，减少碳排放的目标。

由此可见，绿色施工需要具备一套"以节能环保为核心的施工组织体系和施工方法"，主要内容包括：减少不可再生能源的利用，尽可能增加再生能源和材料的利用，在项目施工过程中要充分做到废弃物回收与利用系统的使用，保持工程安全、结构允许、满足功能的条件下做到对材料尽可能地重复利用，以及尽可能地控制污染物的制造与排放，以保护周边生态环境。

1.3 绿色施工的相关概念

当前，存在很多含义相近的概念与绿色施工混淆，本小节将绿色施工与文明施工、节约型工地、绿色建筑、绿色建造几个名词之间的区别与关联进行解释。

1.3.1 绿色施工与绿色建造

绿色施工是绿色建造的一个阶段。绿色建造包含工程立项绿色策划、绿色设计和绿色施工三个阶段，解决的侧重点各不相同，建筑全生命周期阶段划分如图1-1所示：在工程立项阶段，绿色策划解决的是建筑工程绿色建造总体规划问题；绿色设计重点解决绿色建筑实现问题，为绿色施工提供一定支持；绿色施工重点是强调节

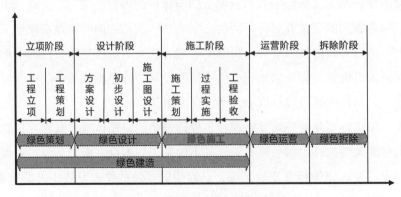

图1-1 建筑全生命周期阶段划分

约资源，减少废弃物排放，解决大环境保护问题，同时可为绿色建筑增色。另外，在我国，规划设计、施工及物业管理通常为互无关联的企业或组织主体，要实现规划、设计、施工和物业（运营）的全过程的绿色化，必须明确责任主体，促使相关方实现联动，否则其间的所有努力都将化为乌有，使绿色效果大打折扣。我们必须从立项开始，以绿色视角统筹规划全局和全过程，以期实现绿色效果的最大化。

1.3.2 绿色施工与文明施工

绿色施工与文明施工的侧重点不同。文明施工是指保持施工现场良好的作业环境、卫生环境和工作秩序，具体内容包括：规范施工现场的场容，保持作业环境的整洁卫生；科学组织施工，使生产有序进行；减少施工对周围居民和环境的影响；遵守施工现场文明施工的规定和要求，保证职工的安全和身体健康等。由此可见，文明施工更多强调文化和管理层面的要求，追求的是现场整洁舒畅的一种感官效果，一般通过管理手段实现。相较之下，绿色施工是基于环境保护，资源高效利用，减少废弃物排放，改善作业环境的一种相对具体的追求，需要从管理和技术两个方面双管齐下才能有效实现。此外，文明施工注重的是施工现场，而绿色施工着眼于建筑全寿命周期，从规划阶段就开始考虑绿色建筑材料和绿色施工技术的使用。

随着国家可持续发展观的深入贯彻，绿色施工的内涵不断深化，目前，绿色施工不仅包含了文明施工的内容，还从施工过程中出现的施工技术和工艺上对环境保护加以重视，以及在施工过程中提倡采用节约能源、水资源、电力资源和材料资源等施工技术，因此，绿色施工高于、严于文明施工。绿色施工和文明施工的主体、对象、时间段、组织体系、改善条件、保护环境是相同的。文明施工是基础，绿色施工是升华。但是也存在很大区别，两者的区别如表1-1所示。

<table>
<tr><td colspan="3" style="text-align:center">绿色施工和文明施工的区别</td><td style="text-align:right">表1-1</td></tr>
<tr><td></td><td>绿色施工</td><td>文明施工</td></tr>
<tr><td>侧重点</td><td>节约和环保</td><td>整洁、卫生和安全</td></tr>
<tr><td>评价手段</td><td>量化考核</td><td>观感考评</td></tr>
<tr><td rowspan="2">效益</td><td>经济效益+社会效益</td><td>社会效益</td></tr>
<tr><td>降低碳排放、节约资源、降低成本、企业形象</td><td>安全（生产、消防、治安）、企业形象</td></tr>
</table>

1.3.3 绿色施工与节约型工地

节约型工地的实质就是施工现场的节能降耗。建设节约型工地的责任主体以建筑施工企业为主，在施工过程中通过优化施工方案，强化建筑施工过程管理，开发建筑施工新技术、新工艺、新标注等方法，运用科技进步、技术创新等手段实现节约能源与资源。

绿色施工是以环境保护为前提的"节约"，其内涵比节约型工地相对宽泛。节约型工地是以节约为核心主题的施工现场专项活动，重点突出了绿色施工的"节约"要求，是推进绿色施工的重要组成部分，对于促进施工过程最大限度地实现节水、节能、节地、节材的"大节约"具有重要意义。比如目前使用广泛的雨水废水回收系统就是节约型工地的典范，通过建立初期雨水收集与再利用系统，从而充分收集自然降水用于施工和生活中适宜的部位。

1.3.4 绿色施工与绿色建筑

绿色建筑的理念萌芽于20世纪60年代，美籍意大利建筑师保罗·索勒瑞首次将生态学与建筑学融合提出"生态建筑"的概念，这是人们第一次意识到建筑领域内的生态环境问题。进入20世纪90年代后，关于绿色建筑的理论研究开始步入正轨，1991年，布兰达维尔和罗伯特·维尔在其合著的《绿色建筑—为可持续发展而设计》一书中，提出了综合考虑能源、气候、材料、住户、区域环境的整体设计观。在1992年举行的联合国环境与发展大会上，与会者第一次比较明确地提出了"绿色建筑"的概念。发展至今，绿色建筑充分吸纳了节能、生态、低碳、可持续发展、以人为本等理念，内涵日趋丰富成熟。2019年，住房和城乡建设部正式编发了《绿色建筑评价标准》GB/T 50378—2019颁布实施，明确了我国绿色建筑的定义、内涵及技术要求。该标准定义，在全寿命期内，最大限度地节约资源（节能、节地、节水、节材）、保护环境、减少污染，为人们提供健康、适用和高效的使用空间，与自然和谐共生的建筑。其内涵主要包含三点：一是节能，这个节能是广义上的，强调减少各种资源、能源的消耗；二是保护环境，强调减少环境污染，减少温室气体排放；三是满足居住者需求，提供"健康、适用和高效"的使用空间。"健康"代表以人为本，满足居住者生理和心理的环境需求；"适用"代表节约资源，不奢侈浪费，不过度追求豪华；"高效"代表资源能源合理利用，减少CO_2

排放和环境污染。

绿色施工是绿色建筑全寿命周期内的一个重要阶段，随着绿色建筑概念的普及而提出。绿色施工与绿色建筑的关系主要表现为：①绿色施工是过程，绿色建筑是建成后的状态；②绿色施工可以提高绿色建筑的绿色化程度；③绿色建筑的关键在于"绿色"的设计理念和设计方案，绿色施工的关键在于施工组织设计和施工方案中的绿色施工技术和管理措施；④绿色施工主要涉及施工阶段，该阶段对环境影响比较集中。从经济的角度，实行绿色施工一般会增加施工成本，但是会提高建筑工程的社会效益和环境效益；而绿色建筑关系到居住者的身心健康、建筑运行成本和建筑空间、设备等的功能，对建筑的运行使用阶段会产生重大影响。

无论是绿色施工还是绿色建筑，都是当今建筑行业的发展方向，根据住房和城乡建设部发布的《绿色建筑评价标准》，绿色建筑考虑的要素贯穿于建筑的整个生命周期，而绿色施工则以施工阶段为立足点。此外，两者定位不同，绿色建筑节约资源、降低不可再生能源消耗量、保护自然环境、减少污染源、降低污染量为主要方向，从而为人们提供健康、绿色、生态的建筑。绿色施工是以施工过程中节能环保为主要方向，更侧重的是绿色施工技术的运用和对施工过程的管理控制。

1.4 绿色施工的目的

绿色施工是可持续发展战略在建筑工程领域的具体体现，推进建筑行业的升级转型，实现建设资源节约型、环境友好型社会的目的。建筑工程绿色施工以资源的高效利用为核心，以环境保护为原则，以追求高效、环保、低耗为目标，是建筑全生命周期的重要组成，切实体现了建筑施工中的可持续发展理论。

作为房屋建筑施工过程的一个系统工程，绿色施工的实施需要各个方面的配合和协调，同时对人员、技术和物资配置有着一定的要求。绿色施工项目的价值在于能够将技术和管理措施分解到各个分部分项工程中，同时结合具体施工工艺，进而提高绿色施工相关规定在执行中的针对性和可操作性。实际情况下，绿色施工在工程项目主要通过以下四个方面内容实现其目标。

（1）减少对施工现场和周边环境的影响

在房屋建筑施工过程中，无论前期施工准备时的平整场地和临时设施的搭建，还是在主体施工过程中的土方开挖、建筑垃圾处理等工作，全部对原状地质环境有着直接或间接的影响，甚至会造成破坏及扰动。所以，在前期规划设计阶段、施工前准备阶段和施工过程中，施工项目设计技术人员为了实施绿色施工的目标，必须切实做到科学设计、合理规划、认真勘察、加强施工管理，最大限度地减少对场地原状土质环境的干扰及破坏的影响。

房屋建筑施工过程中，势必会出现扬尘、建筑垃圾、噪声甚至会产生一定量的有毒有害气体，这些都严重危害人们的身心健康并污染周边环境。因此，做到绿色施工，最基本的工作就是在房屋建筑施工过程最大限度地降低这些污染产生的影响，做到最大的努力保护周边环境。

（2）因地制宜的合理施工

我国幅员辽阔，东西南北跨度大，全国各地区人文环境、地质、气候环境差异比较悬殊。在房屋建筑施工过程中，要充分了解当地人文特点、地质及气候的特点，根据实际条件有针对性制定科学的施工方案进行管理，避免不必要的措施费用投入，同时避免各项资源和能源的浪费。在施工前应及时掌握包括风、雨、雪和气温等气象资料，从而合理安排施工顺序，选择科学的施工方法和工艺措施，为项目建设做好相应的施工准备。

（3）节约资源能源

房屋建筑项目的施工过程即是一个将各种资源、能源大消耗大转换的过程。只有在这个过程中时时贯彻最大限度节约所有资源能源的原则，合理安排项目管理才是真正意义上实现绿色施工，贯彻实行可持续发展战略要求。

（4）实施科学管理，提高综合效益

我国目前在大力提倡并推行绿色施工的工作仍处在一个起步阶段。最为突出的特点就是技术水平不高，制度配套不健全，成本较高，因此施工企业在推行绿色施工的过程中态度较为消极。所以，我国若想大力推行绿色施工，要提高技术水平和管理水平，同时还要提高综合经济效益，把企业被动强制性实施变为主动积极响应，只有这样，才能更快更好地推行绿色施工的实行，进而实现绿色建筑的目标。

1.5 绿色施工的意义

正如习近平总书记所言"绿水青山就是金山银山"，生态文明建设是关系人民福祉、民族未来发展的大计。2020年，我国还向世界做出了碳达峰、碳中和的承诺，节能减排，保护环境早已是全社会共识。绿色施工中的"施工"是指具备相应资质的工程承包企业，通过管理和技术手段，配置一定资源按照设计文件（施工图），为实现合同目标所进行的各种生产活动。工程建设中，在保证质量、安全等基本要求的前提下，通过科学管理和技术进步，最大限度地节约资源与减少对环境负面影响的施工活动，实现"五节一环保"，这就是绿色施工的根本意义所在。

对城市环境来说，推行绿色施工对提高城市硬环境，改善城市风貌有着积极的作用。施工过程中的路面开挖、土石方工程，以及施工中产生的扬尘、噪声、建筑垃圾都会对施工现场附近的城市环境造成破坏，甚至可能会破坏植被，污染土壤，绿色施工能有效降低建筑施工对城市环境的负面影响。

推行绿色施工，对建筑企业的升级转型有积极作用。政府的政策导向和扶持必不可少，建筑企业才是推行绿色施工的主体。建筑企业应努力创新绿色施工技术，使绿色施工的观念融入整个施工过程。提高企业的施工质量和创新能力。此外，建筑企业也应借此转变发展观念，正确积极认识环境给企业和社会带来的巨大效益。建筑行业为贯彻国家节能减排战略，建设环境友好型社会贡献的潜力巨大，责任重大，建筑企业应责无旁贷地承担起社会责任。

1.6 绿色施工的总体框架

在房屋建筑施工过程中，绿色施工全过程主要有施工策划、确定方案、采购物资、施工组织以及工程验收等各个方面，绿色施工管理过程总体框架涵盖了施工管理、环保、节材、节水、节能、节地六个方面的基本指标。

目前的绿色施工框架由2007年建设部发布的《绿色施工导则》确定了"四节一环保"的基本原则。随着以人为本理念的深入，在"四节一环保"的基础之上增加了对人力资源的节约与保护相关要素，成为"五节一环保"。近年来，随着互联网技术的发展，建筑信息模型（BIM）技术的逐渐普及，信息技术与建筑业的融合程度逐渐加深，因此，在《绿色施工导则》的总体框架基础上添加人力资源节约与保护和现代信息技术，成为更加契合发展的绿色施工框架。新的绿色施工总体框架由施工管理、环境保护、节材与材料资源利用、节水与水资源利用、节能与能源利用、节地与施工用地保护、人力资源节约与保护七个方面组成。这七个方面涵盖了绿色施工的基本指标，同时包含了施工策划、材料采购、现场施工、工程验收等各阶段的指标。具体绿色施工框架如图1-2所示。

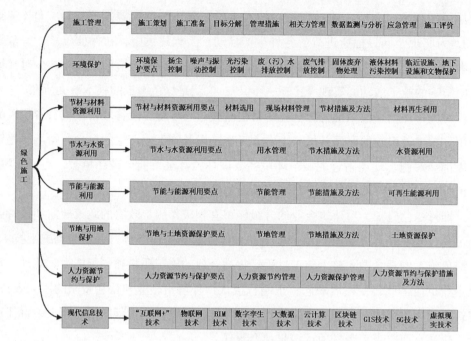

图1-2 绿色施工框架图

课后习题

1. 简述绿色施工的定义。

2. 简述绿色建造的定义。

3. 绿色施工都包括哪些内容？

4. 画出绿色施工的总体框架。

第 2 章

绿色施工
项目管理

导读：本章内容将按照绿色施工的总体框架逐步展开。在绿色施工总体框架中，施工管理被放在第一位。绿色施工是一项复杂的系统工程问题，关系到节能、环保、工程质量、进度、成本、经济效益方方面面，科学高效的施工管理方案是关系到绿色施工能否顺利实施的关键要素。本章节将从绿色施工策划与准备、绿色施工过程管理、绿色施工检查与评价三个方面，对绿色施工管理的策划与准备、目标、控制措施、相关方、数据监测、应急管理、评价内容要求与评分要点等进行介绍。

2.1 绿色施工策划与准备

2.1.1 绿色施工策划

　　绿色施工策划主要是在明确绿色施工目标和任务的基础上，对绿色施工的目的、内容、实施方式、组织安排和任务在时间和空间上进行合理配置，以保障工程项目施工实现"四节一环保"和人力资源节约等目标的管理活动。

　　绿色施工策划应以住房和城乡建设部、各地方建设行业行政主管部门发布的建筑工程绿色施工相关规范标准为依据，紧密联系工程实际，因地制宜，确定工程项目绿色施工各个阶段的方案与要求，组织管理保障措施和绿色施工保证措施等内容，达到有效指导绿色施工的目的，主要工作包括影响因素分析、确定目标、制订措施、编制绿色施工专项方案，如图2-1所示。

2.1.2 绿色施工准备

　　在项目正式开工之前，施工单位应完成绿色施工的各项准备工作，主要工作如下：

　　（1）对施工现场自然与人文环境的调查工作、收集相关资料。

　　（2）施工技术文件的编制与施工技术交底工作，交底中应含有绿色施工内容。

　　（3）施工临时设施的建设工作。

　　（4）人力、材料、机械设备等施工资源的准备工作，分批次，按计划组织资源进场。

```
第一章工程概况                    5.2施工部署
1.1工程概况                       5.3施工计划管理
1.2现场施工环境概况               第六章绿色施工具体措施
第二章编制依据                    6.1环境保护措施
2.1法律依据                       6.2节材与材料资源利用措施
2.2标准依据                       6.3节水与水资源利用措施
2.3规范依据                       6.4节能与能源利用措施
2.4合同依据                       6.5节地与土地资源保护措施
2.5技术依据                       6.6人力资源节约与保护措施
第三章绿色施工目标                6.7创新与创效措施
3.1绿色施工总体目标               6.8绿色施工技术经济指标分析
3.2绿色施工目标分解               第七章应急预案
第四章项目绿色施工管理组织机构及职责   第八章 附图
4.1绿色施工组织机构图             8.1施工平面布置图
4.2绿色施工岗位职责               8.2现场噪声监测平面布置图
4.3项目相关方绿色施工职责         8.3现场扬尘监测平面布置图
第五章施工部署                    8.4施工现场消防平面布置图
5.1绿色施工的一般规定
```

图2-1　绿色施工策划

（5）对项目管理人员和施工作业人员开展绿色施工制度、标准、方案等文件的培训工作。

2.1.3 绿色施工主要影响因素

绿色施工影响因素主要有以下7个方面：

（1）项目施工组织体系不完善，例如绿色施工目标不明确、不分解、责任主体职责不清晰等；

（2）施工程序划分不合理，例如缺少系统、全面的施工程序，工序关系安排不符合施工程序要求，流水段划分未考虑施工的整体性，工序安排未考虑各种机械设备的使用率和满载率；

（3）施工准备考虑不周全，例如缺少绿色施工方案策划，图纸会审没有审核节材与材料资源利用的相关内容；

（4）施工工期安排不合理，例如基坑和地下工程安排在雨季施工、大量湿作业安排在雨季施工，切割、钻孔等噪声较大的工序安排在夜间施工等；

（5）施工平面布置不合理，例如生产、生活区混合布置，平面布置不紧凑、缺少优化，临时设施占地面积有效利用率小于90%，施工现场道路未能形成环形通路等；

（6）施工过程中未采用新技术、新产品和新工艺，例如部分管理人员思想保守、创新意识薄弱，不采用或抵触采用先进、节能降耗的新技术、新产品和新工艺；

（7）施工队伍技术落后，例如绿色施工意识差，缺少相应系统化的知识、技能培训。

2.2 绿色施工组织管理

2.2.1 绿色施工管理模式

绿色施工是主要针对资源节约和环境保护等要素进行的施工活动，常见两种绿色施工组织管理模式：

（1）以"绿色施工领导小组"为核心的管理模式。该模式建立以项目经理为第一负责人的绿色施工领导小组，以施工项目各部门为单位任命绿色施工责任主体，以绿色施工责任人为节点，将各个部门不同组织的人员融入绿色施工管理中。项目经理作为绿色施工第一负责人将绿色施工的相关责任分配落实到各个部门、岗位和个人，保证绿色施工整体目标与责任落实到位。绿色施工领导小组管理模式是一种垂直管理模式，具有职责分工明确、涉及参与方多、便于横向沟通与协调，有助于维护实施各方利益的特点，但是管理成本较高、绩效考核较难。

（2）以"目标管理"为核心的管理模式。该模式以推进绿色施工实施为目标，将绿色施工的各项目标、责任进行有效分解，建立横向到边、纵向到点的岗位责任体系，以责任落实和实施作为考核节点，结合绿色施工评价要求，建立目标激励制度，通过目标管理的制定、分解、检查和总结等环节，奖优惩劣，促使绿色施工顺利实施。以"目标管理"为核心目标的管理模式具有目标明确，强调责任主体的自我管理与控制，形成了良好的激励机制，有利于绿色施工齐抓共管和全员参与，需要建立一套完善的考核与沟通管理机制，对自我管理与控制要求较高。

绿色施工管理是一个动态管理过程，在实践中，可根据施工企业和工程项目实际情况和特点来选择组织管理模式，也可探索两种管理模式相结合的方法，取长补短，灵活运用。

2.2.2 绿色施工措施要点

绿色施工是一项经济技术活动，建筑施工企业作为实施主体，只有经过全面策划、系统管理，才能确保绿色施工措施的具体实施。绿色施工措施应突出强调以下主要内容：

（1）明确和细化绿色施工目标，将目标量化、细化；

（2）施工过程中突出绿色施工关键技术和控制要点；

（3）明确绿色施工专项技术与管理内容的具体保障措施；

（4）明确实现绿色施工"四节一环保"的具体措施；

（5）鼓励开展绿色施工的政策与技术研究，发展绿色施工的新技术、新设备、新材料与新工艺，推行应用示范工程；

（6）加强绿色施工专业化人才的知识培训和技术、技能考核，并逐步建立、落实相应的奖励和处罚机制。

（1）环境保护

为降低施工活动对环境的负面影响，开工建设前应开展扬尘、噪声与振动、光污染、废（污）水、废气、固体废物、液体材料、危险废物等生态环境污染源识别评价工作。

1）扬尘污染控制。

①扬尘排放应符合现行《大气污染物综合排放标准》GB 16297—1996 的规定，宜在施工现场安装扬尘监测系统，实时统计现场扬尘情况。

②施工现场按要求降尘，易产生扬尘的施工作业面应采取降尘防尘措施。

③风力四级以上，应停止土方开挖、回填、转运以及其他可能产生扬尘污染的施工作业。

④施工现场裸露地面、堆放土方等按要求采取覆盖、固化、绿化等抑尘措施。

⑤施工现场易产生扬尘的机械设施宜配备降尘防尘装置。

⑥易产生扬尘的建材应按要求密闭储存，不能密闭时应采取严密覆盖措施。

⑦建筑物内的施工垃圾清运宜采用封闭式专用垃圾道或封闭式容器吊运；施工现场宜设密闭垃圾站，生活垃圾与施工垃圾分类存放，并按规定及时清运消纳。

⑧建筑垃圾土方砂石运输车辆应采取措施防止运输遗撒，施工现场出入口处设置冲洗车辆的设施。

⑨施工现场主要道路应进行硬化处理，并进行洒水降尘。

⑩施工现场宜安装自动喷淋装置、自动喷雾抑尘系统，采取扬尘综合治理措施技术。

⑪施工现场宜采用商品混凝土及商品砂浆应用技术。

2）噪声与振动污染控制。

①噪声与振动测量方法应符合现行《建筑施工场界环境噪声排放标准》GB

12523—2011的规定，宜对施工现场场界噪声与振动进行实时监测和记录。

②施工中优先使用低噪声、低振动的施工机具；施工现场的强噪声设备采取封闭等降噪措施。

③施工现场应控制噪声排放，制定噪声与振动控制措施，合理安排施工时间，确需进行夜间施工的，应在规定的期限和范围内施工。

④施工现场应设置连续、密闭的围挡。

3）光污染控制。

①采取限时施工、遮光和全封闭等措施，避免或减少施工过程的光污染。

②电焊作业及夜间照明应有防光污染的措施。

③临建设施宜使用防反光玻璃等弱反光、不反光材料。

4）废（污）水排放控制。

①排入市政管网的废（污）水应符合现行《污水排入城镇下水道水质标准》GB/T 31962—2015的规定，其他废（污）水排放应符合《污水综合排放标准》GB 8978—1996的规定，并对现场废（污）水排放进行监测。

②对施工过程产生的废（污）水，制定相关处理和排放控制措施。

③施工机械设备使用和检修时，应控制油料污染，清洗机具的废水和废油不得直接排放。

④施工现场应设置排水沟、沉淀池等处理设施；临时食堂应设置隔油沉淀等处理设施；临时厕所应设置化粪池等处理设施；所有废（污）水处理设施应进行防渗处理，避免渗漏污染地下水。

⑤宜采取水资源综合利用技术，减少废（污）水排放。

⑥使用非传统水源和现场循环水时，宜根据实际情况对水质进行检测。

⑦应对排放的废（污）水产生量建立统计台账。

5）废气排放控制。

①施工现场废气排放应符合现行《大气污染物综合排放标准》GB 16297—1996等标准的规定，并配备可移动废气测量仪，对废气进行监测。

②施工现场所选柴油机械设备的烟度排放，应符合现行《非道路柴油移动机械排气烟度限值及测量方法》GB 36886—2018的规定，禁止使用明令淘汰的机械设备。

③对施工过程中产生的电焊烟尘采取防治措施。

④沥青加工处理过程中，应对产生的沥青污染物采取相应防治措施，排放应符合《大气污染物综合排放标准》GB 16297—1996及《工业炉窑大气污染物排放标

准》GB 9078—1996规定。

⑤食堂应安装油烟净化设施，并保证操作期间按要求运行，且油烟排放应符合现行《饮食业油烟排放标准》GB 18483—2001的规定。

⑥施工现场禁止焚烧产生有毒、有害气体的建筑材料。

6）固体废物控制。

①施工现场采取措施减少固体废物的产生。

②施工现场的固体废物按有关管理规定进行分类收集并集中堆放，储存点宜封闭。

③建筑垃圾、生活垃圾及时清运并处置，建筑垃圾运输单位应经当地建筑垃圾管理部门核准。

④提倡可再生利用理念，在施工过程中合理回收利用施工余料及建筑垃圾，建筑垃圾的回收利用应符合现行国家标准《工程施工废弃物再生利用技术规范》GB/T 50743—2012的规定。

⑤施工现场应对固体废物产生量进行统计并建立台账。

7）液体材料污染控制。

①施工现场存放的油料和化学溶剂等物品应设专门库房，地面应做防渗漏处理；废弃的油料和化学溶剂应集中处理，不得随意倾倒。

②易挥发、易污染的液态材料，应使用密闭容器存放。

8）危险废物控制。

①国家危险废物名录规定的废弃物不得随意堆弃，收集后应及时委托有资质的第三方机构进行处理。

②有毒有害废弃物的分类率应达到100%，对有可能造成二次污染的废弃物应单独储存，并设置醒目标识。

（2）资源节约

1）节材与材料资源利用。

①根据就地取材的原则，优先选用绿色、环保、可回收、可周转材料。

②根据施工进度、库存情况等，编制材料使用计划，建立限额领料、节材管理等制度，加强现场材料管理。

③临时办公、生活用房及构筑物等合理利用既有设施，临建设施宜采用工厂预制、现场装配的可拆卸、可循环使用的构件和材料等。

④施工现场宜推广新型模架体系，如铝合金、塑料、玻璃钢和其他可再生利用材质的大模板和钢框镶边模板等。

⑤利用粉煤灰、矿渣、外加剂等新材料，减少水泥用量；采用闪光对焊、套筒等无损耗连接方式，减少钢筋用量。

⑥采用可再利用材料、垃圾及固体废物分类处理及回收利用，建筑垃圾减量化与资源化利用技术。

2）节水与水资源利用。

①施工用水应进行系统规划并建立水资源保护和节约管理制度。

②生产区、办公区、生活区用水分项计量，建立用水台账。

③施工宜采用先进的节水施工工艺，并严格控制用水量，施工用水宜利用非传统水源，建立雨水、中水或其他可利用水资源的收集利用系统。

④使用节水型器具并在水源处设置明显的节约用水标识。

⑤推广非传统水源利用、废水排放综合处理技术、封闭降水及水收集综合利用技术。

3）节能与能源利用。

①建立节能与能源利用管理制度，明确施工能耗指标，制定节能降耗措施。

②禁止使用国家明令淘汰的施工设备、机具及产品，优先使用国家、行业推荐的节能、高效、环保的施工设备和机具，选用变频技术的节能设备等。

③建立主要耗能设备设施管理台账，机械设备应定期维修保养确保良好运行工况。

④严格按照国家规定的口径、范围、折算标准和方法对能耗进行定期监测，建立能源消耗统计台账，夯实能耗定额、计量、统计等基础管理工作。

⑤根据当地气候和自然资源条件，利用太阳能、地热能、风能等可再生能源。

4）节地与土地资源保护。

①建立节地与土地资源保护管理制度，制定节地措施。

②编制施工方案时，应对施工现场进行统筹规划、合理布置并实施动态管理，避免土地资源的浪费。

③现场堆土应采取围挡，防止土壤侵蚀、水土流失。

④宜利用既有建筑物、构筑物和管线或租用工程周边既有建筑为施工服务。

⑤工程施工完成后，应进行地貌和植被复原。

5）人力资源节约与保护。

①建立人力资源节约与保护管理制度。

②宜采用数字化管理和人工智能技术，减少人力投入。

③施工作业区、生活区和办公区应分开布置，生活设施远离有毒有害物质。

④定期对施工人员进行职业健康培训和体检，配备有效的防护用品，指导作业人员正确使用职业危害防护设备和个体防护用品。

（3）智能化信息管理

针对传统绿色施工管理中人工统计工作量大，数据实时性、完整性、正确性缺乏，数据样本少等痛点，施工单位应积极运用物联网、大数据、云计算等信息技术，建立绿色施工智能化信息管理系统，对用水、用电、环境数据进行实时监测与采集，建立台账；对"四节一环保"数据进行溯源与KPI指标分析；对施工中使用太阳能等可再生能源数据进行实时统计与利用分析，以提高绿色施工管理效率和管理质量。

2.3 绿色施工检查与评价

绿色施工检查与评价应当根据工程实际进展状况，确定检查的时间、范围和重点内容。检查可采取听汇报、查现场、看资料、谈话、询问、沟通反馈等方式。

2.3.1 绿色施工检查评分

检查组可对照绿色施工检查评分标准进行检查，并针对存在的问题提出改进建议。检查评分标准如表2-1所示。检查组应督促整改并完成整改闭合验证，留存资料并归档。

绿色施工检查评分标准　　　　　　　　　　　　　　　　表2-1

序号	检查项目		分值	扣分标准	检查情况	扣分
1	管理部分50	建立绿色施工管理组织机构，明确管理人员及职责	4	①未建立绿色施工管理组织机构，扣1分。②未明确归口管理部门及管理人员，扣1分。③未明确项目经理为第一责任人，扣1分；未明确各岗位人员绿色施工管理职责，扣1分		
2		管理制度	2	①管理制度不齐全，每缺一项扣1分。②管理职责不明确、管理事项不全，不具备针对性及可操作性，扣1分		
3		在施工组织设计中编制绿色施工章节	2	①未在施工组织设计中编制绿色施工章节，扣1分。②编制绿色施工章节与实际不相符，内容不具备针对性、操作性，扣1分		

序号	检查项目	分值	扣分标准	检查情况	扣分
4	绿色施工策划管理	5	①未制定绿色施工目标和指标，扣1分；未对绿色施工目标和指标进行分解，扣1分。 ②未制定"四节一环保"工作计划，扣1分。 ③未按照规定开展绿色施工专项方案的编制与审批，扣1分。 ④未将相关方纳入项目的绿色施工管理体系，扣1分。		
5	耗能设备设施和生态环境污染源识别评价	7	①未开展耗能设备设施的识别评价并建立台账，每缺一项扣1分。 ②未开展扬尘、噪声与振动、光污染、废（污）水、废气、固体废物、液体材料等生态环境污染源识别并建立清单，每缺一项扣1分。 ③未开展生态环境污染源评价并建立重大环境影响清单，扣1分		
6	生态环境保护专项措施	6	①未编制生态环境保护及污染物治理专项措施方案，每缺一项扣1分。 ②未编制生态环境保护设施和设备运行检修措施，每缺一项扣1分；缺少治理设施、设备运行和维护记录的，每缺一项扣1分；记录显示治理效果不满足要求未整改，每缺一项扣1分。 ③未针对施工场地及毗邻区域内的人文景观、特殊地质、文物古树、相关管线分布情况，制定保护措施，扣2分		
7	资源节约措施	4	①未制定资源节约（节材、节水、节能、节地）措施方案，每缺一项扣1分。 ②未执行资源节约措施方案，每缺一项扣1分。 ③未按规定淘汰落后耗能工艺、设备和产品，扣1分		
8	绿色施工培训	4	①未按照培训计划开展培训工作，扣1分。 ②未对管理人员开展绿色施工相关制度、标准、方案等文件的培训，扣1分。 ③未对作业人员开展绿色施工专项设备设施的运行及维护培训，扣1分		
9	环境风险与应急管理	3	①未制定突发环境事件应急预案，扣2分；预案不具备完整性、针对性和可操作性，每处扣1分。 ②未编制现场处置方案的，每缺一项扣1分。 ③未开展应急管理工作（培训、演练等），扣1分		
10	数据监测与统计	4	①未开展污染物排放监测、检测工作，每缺一项扣1分。 ②未建立污染物排放量及浓度的统计台账，每缺一项扣1分。 ③未建立主要耗能设备设施能源消耗统计台账，每缺一项扣1分。 ④未对数据定期组织与管理目标的对比分析，并根据分析结果提出改进措施内容，扣1分		

（序号4~10共用栏：管理部分 50）

序号	检查项目		分值	扣分标准	检查情况	扣分
11	管理部分50	措施费的使用管理	3	①未明确绿色施工措施费用，扣1分。 ②未建立措施费使用台账，扣1分。 ③措施费使用不合理，扣1分。 ④未对费用投入进行实体验证，扣1分		
12		绿色施工检查考核	4	①未定期组织自检并形成检查记录，扣1分。 ②检查内容不全面、数据不真实，未准确反映施工现场实际，扣1分。 ③检查出的问题未整改闭合的，每项扣1分。 ④未对相关方的绿色施工管理工作开展检查，扣1分。 ⑤未对考核低分值的单位约谈改进，扣1分。 ⑥对上级检查问题整改不到位，每项扣2分		
13		资料管理	2	①资料管理不齐全，扣1分。 ②资料管理不规范，扣1分		
14	现场部分50	生态环境保护	38	①未采取连续、密闭的围挡措施，扣4分。 ②主要道路未硬化处理，扣4分。 ③道路及作业面未设置洒水或喷雾降尘措施，扣2分；设施未正常运行或非可用状态，每处扣1分。 ④裸露地面、堆放土方等未按要求采取覆盖、固化、绿化等抑尘措施，扣2分。 ⑤建筑垃圾土方砂石运输车辆未采取防止遗撒措施，扣2分。 ⑥出入口处未设置车辆冲洗设施，扣4分；设施未正常运行或非可用状态，扣1分。 ⑦强噪声施工机具未采取有效封闭措施，扣2分。 ⑧电焊作业及夜间照明未采取防止光污染措施，每缺一项扣2分。 ⑨废（污）水处理和排放未设置相应控制措施，每缺一项措施扣2分；处理设施未正常运行或非可用状态，每处扣1分。 ⑩废气产生源未采取防治措施，每缺一项措施扣2分；处理设施未正常运行或非可用状态，每处扣1分。 ⑪固体废物未进行分类收集并集中堆放，扣2分；固体废物储存点未封闭并防渗，扣1分。 ⑫危险废弃物未按规定存放，扣2分；未委托有资质的机构处理处置，扣2分。 ⑬易产生扬尘的建材未按要求密闭储存或严密覆盖，扣2分。 ⑭未设置液体材料专用库房，扣1分；库房未防渗，扣1分。 ⑮未按规定设置扬尘、噪声监测系统的，扣2分。 ⑯现场车辆及机械设备存在漏油现象，每处扣2分。 ⑰未按规定弃渣或弃渣侵占河道，每处扣2分。 ⑱排水的明沟涵管未及时清淤造成堵塞，每处扣2分		

序号	检查项目	分值	扣分标准	检查情况	扣分
15	现场部分50 资源节约	12	①未将办公区、生活区与施工区分开设置，扣2分。 ②使用国家明令禁止或淘汰的机械设备、设施的，扣3分。 ③未对施工堆土进行围挡，扣3分。 ④未设置节约资源标识，扣2分。 ⑤作业人员未正确使用防护用品，扣2分		
基准分	100分	合计得分：			

评分说明：(应得分总分为100分，各检查项评分扣至零分为止，不出现负分。)

2.3.2 检查内容和要求

（1）检查内容包括（但不限于）以下内容：

1）绿色施工管理具体要求及目标。

2）绿色施工专项方案及技术交底落实情况。

3）绿色施工培训记录。

4）绿色施工检查及整改记录。

5）绿色施工评价记录。

6）绿色施工监测记录。

7）相关方的绿色施工管理记录。

（2）检查要求

1）施工单位宜结合安全环保年度检查考核计划开展绿色施工检查。

2）项目经理部应定期组织自检并形成检查记录，检查内容应全面、数据真实，准确反映施工现场实际。

3）检查应客观反映被检查单位绿色施工实际情况，有针对性地提出整改和改进建议。

2.3.3 绿色施工评价

评价内容包括基本规定符合性评价与对环境保护、节材与材料资源利用、节水与水资源利用、节能与能源利用、节地与土地资源保护、人力资源节约与保护六个要素的评价，施工企业可编制《绿色施工管理评价评分表》对工程开展评分。通过绿色施工评价，可正确评估绿色施工的可行性和合理性，绿色施工评价主要达到以下目的：

（1）检查能源消耗、资源浪费和环境污染等各项技术指标及技术措施及绿色方案是否科学、合理。

（2）检查在施工过程中能源和自然资源消耗、生态环境改变、水资源利用的合法性。

（3）对当前的材料消耗、环境保护和人员健康做出正确评估。

（4）通过绿色施工评价，检查企业是否提高了节能、降耗的环保意识。企业的技术创新、新技术应用和现代化管理水平是否得到整体提升。

（5）通过评价使绿色施工既要满足国家经济和社会发展的需要，也要满足环境保护、节约资源、推动国家可持续发展战略的需要。

（6）绿色施工评价是对传统施工技术和施工方法的重新审视，使建筑施工从高消耗模式中摆脱出来。

课后习题

1. 绿色施工策划工作包括哪些内容？

2. 绿色施工准备工作包括哪些内容？

3. 绿色施工过程控制目标及指标应符合哪些规定？

4. 请列出至少五项绿色施工控制措施。

5. 绿色施工现场数据监测都包括哪些内容？

6. 绿色施工检查包含哪些项目？

第 3 章

———

绿色施工措施及
实施重点

导读：环境保护是近年来国家管控的重点内容，在建筑施工过程中会对周围环境造成巨大破坏，绿色施工中的环境保护主要从扬尘、噪声与振动、光污染、废（污）水排放、废气排放、液体材料污染控制、固体废弃物处理以及邻近设施、地下设施和文物保护几个方面做出要求。本节将对以上方面的绿色施工具体措施和实施重点进行具体介绍。

3.1 环境保护措施及实施重点

3.1.1 扬尘控制

（1）施工过程扬尘控制

1）拆除工作

①拆除作业过程中，可采用清理积尘、淋湿地面、预湿墙体、屋面敷水袋、楼面蓄水、建筑外设高压喷雾系统、搭设防尘脚手架综合降尘措施。雾炮喷雾如图3-1所示，喷淋设施如图3-2所示。

图3-1　雾炮喷雾　　　　　　　　　　图3-2　喷淋设施

②拆除作业施工过程中，应做到拆除物不乱抛乱扔，防止拆除物撞击引起扬尘。建筑拆除喷雾系统如图3-3所示。

③拆除施工可采用静力拆除技术降低噪声和粉尘。

④拆除物集中堆放，并用密目网覆盖。清运时，装车的高度低于槽帮10～15cm，并且封闭。车辆封闭运输如图3-4所示。

绿色建造管理实务

图3-3 建筑拆除喷雾系统

图3-4 车辆封闭运输

⑤为控制爆破产生的大量粉尘，宜采取以下措施：

a.在爆破设计中从爆破抛射方向、单响药量、单耗、联网方式、炮孔堵塞长度等方面优化设计，减少粉尘产生。

b.水封爆破。在炮孔中堵塞水炮泥，爆破后塑料袋中的水成为微细的水滴将爆破所产生的粉尘凝集。水封爆破如图3-5、图3-6所示。

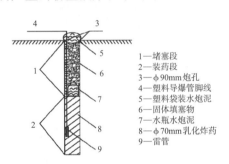

1—堵塞段
2—装药段
3—φ90mm炮孔
4—塑料导爆管脚线
5—塑料袋装水炮泥
6—固体填塞物
7—水瓶水炮泥
8—φ70mm乳化炸药
9—雷管

图3-5 水封爆破示意图

图3-6 水封爆破实图

⑥掘路施工现场宜进行围挡封闭，现场宜准备小型洒水车（图3-7），在开挖过程中洒水，且做到工程渣土外运无外溢；开挖完成后应采取遮盖措施（图3-8）。

图3-7 小型洒水车

图3-8 裸土覆盖

⑦铣刨后，面层表面浮动矿料、表面杂物应清扫干净。灰尘提前进行冲洗，并采用空压机吹干净。

⑧遇有四级以上大风天气或发出严重污染天气红色预警时，应及时停止拆除作业，避免出现扬尘污染。

2）土石方作业扬尘

土石方作业在施工前，宜用洒水车沿施工段落进行洒水，保持作业面湿润，同时做到作业面不泥泞（见图3-9、图3-10）。

图3-9 洒水车 　　　　　　　　　　　　图3-10 洒水车作业

土石方作业在施工过程中，主要采用雾炮机、自动喷雾抑尘系统、洒水车等降尘措施，进行扬尘控制（图3-11、图3-12）。

图3-11 雾炮喷雾

图3-12 洒水车洒水

土方集中堆放，裸露的场地和集中堆放的土方应采取覆盖、绿化措施（图3-13、图3-14）。

图3-13　裸土覆盖　　　　　　　　　图3-14　裸土绿化

道路基层施工裸土可采用环保型土体固化剂处理，在土体表面形成固化层，在大风天气不会造成尘土飞扬，有效地保护环境和土壤（见图3-15）。

图3-15　裸土固化及固化剂

土方回填转运作业时，施工现场进行土壤的含水率测试，若低于最佳含水量2%以下，应进行洒水降尘。

遇有四级以上大风天气或发出严重污染天气红色预警时，严禁进行土方开挖、回填等可能产生扬尘污染的施工，同时覆盖防尘网。

3）钢筋植筋作业

在对混凝土植筋钻孔前，宜对需钻孔的混凝土表面进行充分湿润，减少在钻孔时产生的粉尘（图3-16）。在钻孔过程中，目测扬尘高度在0.5m以上，可采用手动喷雾器喷雾，也可采用除尘罩，至目测无明显扬尘为止。在四级风力以上情况下，室外钻孔作业应停止进行。

图3-16 混凝土植筋钻孔

4）装修过程

装修过程应当优先选用低粉尘装修材料。防尘可采用防尘罩、降尘喷雾器、真空分离吸尘器（图3-17）等设备进行控制。

图3-17 真空分离吸尘器

5）材料运输与堆放

①现场砂石、水泥、沥青等颗粒材料转运过程中，应进行100%覆盖，在装卸过程中，作业人员应戴防尘口罩，规范搬运，防止扬尘、遗撒。

②施工现场的运输车辆应严格限制施工现场内大型机动车辆的行驶速度，并设置醒目的限速标志。

③运输车辆进出场前应选用合适的材料运输工具，采用适合的装卸方法，覆盖严密，防止泄漏、遗撒，车辆槽帮和车轮应冲洗干净。

④施工现场宜设置材料存储库，并将材料分类码放。

⑤石子、黄砂应分类堆积，底脚整齐、干净，并将周边及上方拍平压实，用密目网进行覆盖，如过分干燥，应及时洒水。

⑥水泥和其他易飞扬的细颗粒建筑材料应按施工总平面布置密闭存放，不能密闭时应进行覆盖（图3-18和图3-19）。

图3-18　水泥存放　　　　　　　　图3-19　材料存储的覆盖

6）砂浆拌合系统

施工现场砂浆拌合系统所应采取封闭、降尘措施（图3-20）。

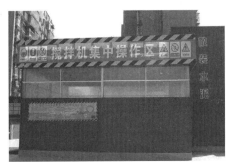

图3-20　砂浆拌合系统封闭措施

7）木工加工厂

施工现场木工棚采用封闭式管理，增加通风设施，防止木屑、粉尘等污染环境。在材料加工期间，应开启除尘设备。并监测木工房中的粉尘浓度，当发现粉尘浓度超标，或目测可见空气中有粉尘颗粒时，应暂停加工作业，或增加自动喷雾降尘或人工喷雾器降尘（图3-21、图3-22）。

图3-21　自动喷雾降尘　　　　　　图3-22　人工喷雾器降尘

（2）扬尘监测

通过监控系统随时监控工地现场扬尘情况，施工现场安装PM2.5和PM10监控系统，通过系统检测数据进行现场控制（图3-23）。每天由专人采集数据，形成数据台账，根据数据情况，启用降尘措施。

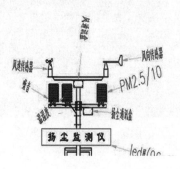

图3-23　扬尘检测系统

3.1.2　噪声与振动控制

（1）噪声与振动来源

施工现场作业与机械设备产生的噪声与振动主要包括但不限于表3-1所示类型。

不同施工作业的噪声来源及限值　　　　　　　　　　表3-1

施工作业	主要噪声源	噪声限值（dB）	
		昼间	夜间
拆除	破碎锤、挖掘机、风镐、空压机等	70	禁止施工
土石方	推土机、挖掘机、装载机、运输车辆等	75	55
桩基	各种打桩机等	85	禁止施工
混凝土	混凝土搅拌机、振捣棒等	70	55
材料加工	电锯、钢筋切断机等	70	禁止施工

注：1. 夜间噪声最大声级超过限制的幅度不得高于15dB；
　　2. 当场界距噪声敏感建筑物较近，其室外不满足测量条件时，可在噪声敏感建筑物室内测量，并将上表中相应的限值减10dB作为评价依据。

（2）噪声与振动控制措施

噪声排放应符合现行国家标准《建筑施工场界环境噪声排放标准》GB 12523—2011的规定，主要有以下控制措施：

1）从声源上控制噪声

①合理安排施工时间，减少夜间施工。中考和高考期间，离考场直线距离

500m范围内，应禁止产生噪声的施工作业，停止夜间施工。

②施工时严格控制人为噪声，进入施工现场不得大声喧哗，场区禁止车辆鸣笛，不得无故甩打模板、乱吹哨，限制高音喇叭的使用。

③在施工过程中选用低噪声的钢筋切断机、振捣器、发电机、木工圆盘锯等设备（图3-24～图3-27）。

图3-24　低噪声钢筋切断机

图3-25　低噪声振捣器

图3-26　低噪声发电机

图3-27　低噪声木工圆盘锯

④在施工过程中采用低噪声新技术，例如在桩基施工中改变垂直振打的施工工艺为螺旋、静压、喷注式打桩工艺、静力压桩机等。低噪声新技术如图3-28～图3-31所示。

⑤爆破作业时，在试爆时对噪声进行测量，如噪声超过90dB，应对爆炸方案进行调整，例如减少单次装药量、分段爆炸等。宜采用静压爆破劈裂机，无噪声、无扬尘。

⑥所有施工机械、车辆必须定期保养维修，并在闲置时关机以免发出噪声。

⑦振捣混凝土不应振捣钢筋和钢模板，杜绝空转。

图3-28　静压植桩机

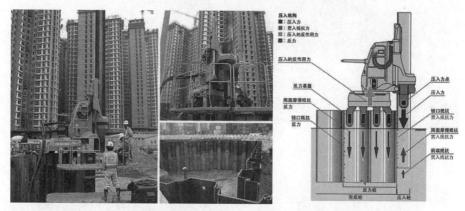
图3-29　钢板桩静压植入

图3-30　正循环钻机

图3-31　反循环钻机

　　⑧模板、脚手架钢管的拆、立、装、卸应做到轻拿轻放，上下前后有人传递，严禁抛掷。

　　⑨电锯切割时在锯片上刷油，锯片送速应适中，锯片上应加设保护罩。

　　2）从传播途径控制噪声

　　①合理布置施工场地，高噪声设备车间尽量远离噪声的敏感区域。

②施工现场设置连续、密闭的围挡（图3-32）。围挡采用硬质实体材料，高度达到地方规定要求。

图3-32 现场围挡

③噪声较大的设备（如混凝土输送泵、圆锯、现场砂浆搅拌机等），宜封闭处理。设备封闭处理如图3-33～图3-36所示。

图3-33 输送泵隔声

图3-34 圆锯隔声

图3-35 无齿锯护罩

图3-36 砂浆搅拌机隔声

④预拌砂浆罐可设置密闭隔声罩（图3-37）。

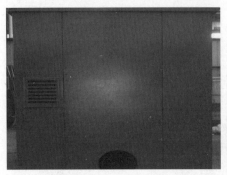

图3-37　密闭隔声罩

⑤钻孔时宜设置隔声材料制作的可移动式的隔声屏（图3-38）。

图3-38　移动隔声屏

⑥设置隔声木工加工车间。木工房应密闭，降噪效果应达到标准。封闭式木工加工棚如图3-39所示。

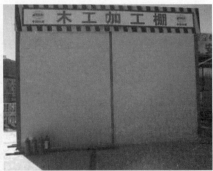

图3-39　封闭式木工加工棚

⑦脚手架使用密目网、钢网片等措施隔声（图3-40）。如直线距离30m内存在住宅小区，宜在面朝向住宅一侧增设隔声屏，隔声屏采用专用隔声布制作，高度应不低于18m，宽度应不短于在施工程相邻侧边长（图3-41）。

图3-40　脚手架隔声　　　　　　　　　图3-41　隔声屏

⑧在声源和传播途径上无法对受音者或受音器官采取防护措施，或采取的声学措施仍不能达到预期效果时，需对受音者或受音器官采取防护措施，长期职业性噪声暴露的工人可以戴隔声耳塞、耳罩或头盔等护耳器。

（3）场界噪声与振动监测

施工现场宜设置噪声实时监测系统或配备可移动噪声测量仪（图3-42）。每天由专人采集数据，形成数据台账，根据数据情况，启用相应的降噪措施。

图3-42　噪声监测

3.1.3 光污染控制

（1）光污染来源

施工现场光污染源主要包括但不限于夜间照明、电弧焊接等。

（2）施工过程光污染控制

1）夜间照明控制措施

①合理安排施工作业时间，避免夜间施工作业。

②当现场工作面较大时，在夜间非施工区应关闭照明灯具，只开启值班用照明灯具。

③夜间施工严格按照建设行政主管部门和有关部门的规定执行，对施工照明器具的种类、灯光亮度加以严格控制，禁止灯光照射周围住宅。

④夜间施工照明范围集中在施工区域，大型照明灯具安装应有俯射角度，设置挡光板控制照明范围。限制夜间照明光线溢出施工场地。大型照明灯具设置如图3-43～ 图3-46所示。

图3-43　大型照明灯设置

图3-44　大型照明灯设置俯射角度

图3-45　起重机安装照明灯图

2）电弧焊接作业遮挡措施

①宜搭设操作棚，避免造成光污染，或者在焊点周围设挡板，挡板高度和宽度以不影响周围居民场所为宜。电焊加工棚如图3-47所示。焊接作业设置遮光罩，减少弧光外泄影响周边环境，遮光罩采用不燃材料制作。遮光罩如图3-48所示。

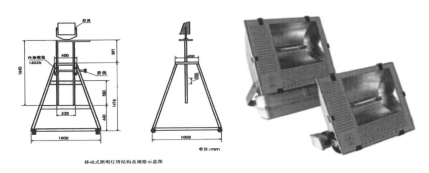

图3-46 移动式照明灯设置

图3-47 电焊加工棚

图3-48 遮光罩

②焊工应佩戴个人防护用品施焊。焊接防护如图3-49所示。

图3-49 焊接防护

3.1.4 废（污）水排放控制

（1）废（污）水污染源

施工现场废（污）水污染源主要包括但不限于：生产废（污）水（施工排水、车辆冲洗水、拌合系统产生的废水、建筑物上部施工用水产生的废水、基坑内废水、泥浆处理产生的废水、石料冲洗、围堰施工振动引起的底泥扰动迁移、半幅导流阶段水土流失造成地表水污染等）；生活废（污）水（食堂、厕所、淋浴间产生的污水等）。

（2）施工过程废（污）水排放控制

1）生产废（污）水控制措施

①排水沟及沉淀池

施工现场设计应当有明确的排水以及回收利用的路线，设置排水沟及沉淀池，并定期清理，保持排水通畅，雨水、混凝土养护废水、搅拌站废水等废水通过排水沟流入沉淀池，经过沉淀后在达到水质要求的情况下优先使用，或排入市政管道。沉淀池如图3-50～图3-54所示。

图3-50　沉淀池效果图

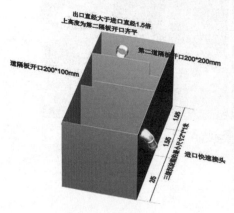

图3-51　移动式沉淀池三维效果图

图3-52　移动式沉淀池实物图

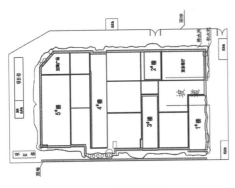

图3-53 排水路线图

图3-54 现场沉淀池

②永久性排水沟

永久性排水沟规格应满足现场废水的排放要求,确保在排水过程中不会溢出。排水沟表面可加盖铁箅子,便于车辆通行,同时防止废渣进入排水沟(见图3-55)。

图3-55 排水沟

③施工现场洗车沉淀池

施工现场洗车沉淀池宜采用三级沉淀方式处理。三级沉淀的原理是将集水池、沉砂池和清水池三个蓄水池之间用水管连通,清洗混凝土搅拌运输车、泥土车的废水经过三级沉淀处理后,可循环利用。洗车沉淀池如图3-56所示。

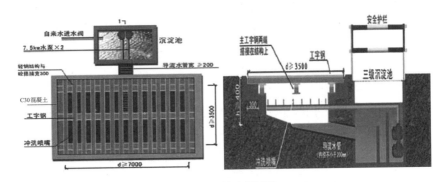

图3-56 洗车沉淀池

④现场搅拌站的排水措施

为防止现场搅拌站积水、泥浆破坏施工条件、污染土壤，应设置排水沟。由于现场搅拌沉渣太多，搅拌站排水沟端部设置集水井，而后与现场排水管网相连通。集水井如图3-57所示。集水井中的水可用于搅拌设备的清洗；排水沟与集水井中沉渣定期清理。

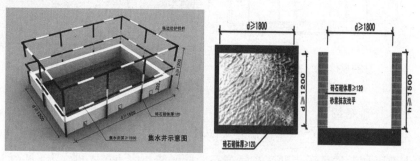

图3-57　集水井

⑤建筑物上部施工用水的排水措施

建筑物上部用水包括浇筑用水、养护水、渗漏水等，宜设置临时排水管路，进入地表排水沟排入沉淀池中。建筑物沿楼梯安装临时排水管，排水管排出口与室外积水井相连，排水管随楼梯施工向上安装，施工产生废水从楼梯排水管排至室外积水井。建筑物上部施工用水排水措施如图3-58所示。灌水试验用水、卫生间闭水试验用水通过地漏、管道等排放后，进入地表排水沟排入沉淀池中。

图3-58　建筑物上部施工用水排水措施

⑥基坑内废水排水措施

排水沟要设置在地下水的上游，并且保持通畅。每隔一段间距应当设置集水井，排水沟中的水流统一汇集于集水井中排放。集水井最少比排水沟低0.5～1.0m，或深于抽水泵进水阀的高度以上。集水井中的水用抽水泵抽排，抽排的水直接进入地表排水沟排入沉淀池中。为了防止泥沙进入水泵，水泵抽水龙头应包以滤网。

⑦泥浆处理产生的废水控制措施

泥浆处理主要采取集中沉淀干燥后外运方式，在施工现场设置泥浆池，根据钻孔进度及时采用高压泥浆泵抽除泥浆池表层废浆，对泥浆进行沉淀后，将表层废水排入施工现场排水系统中，并将干燥淤泥挖装至运输车上，且覆盖严密，及时外运至指定淤泥排放点。或通过泥浆处理设备，将泥浆进行固液分离，通过有效洗涤，可回收有用物质，以达到资源再利用的价值。

淤泥晾晒场地不得设置在饮用水源一级保护区域，其周边设置排水沟，排水沟连接沉淀池，沉淀池出口处设置水质监测点，满足回用标准后回用于工地洒水抑尘。

⑧针对围堰施工造成的水体扰动，施工前须在围堰下游侧设置过滤带，阻挡污染物向下游取水口迁移；选取静压植桩机应优选静压植桩机代替传统振动打桩机，钢板桩之间的锁口严禁施用油脂，以减少围堰施工对水体的扰动和水体污染；围堰施工应在非雨季，尽量在枯水期施工，防止雨水裹挟扰动的泥沙迁移至更大范围。

⑨针对半幅导流阶段水土流失造成地表水污染，应根据天气安排土石方作业时间，减少表土裸露时间，同时采用土工布覆盖、周边沙袋围合，在临时堆土区周边布设排水沟，排水沟沿线布设沉沙池，施工完成后临时堆土区及时复绿等措施。

2）生活废污（水）控制措施

①施工现场临时食堂应设置隔油池（见图3-59～图3-60），经过隔油池过滤才允许排入市政污水管网。隔油池应定期进行清理。

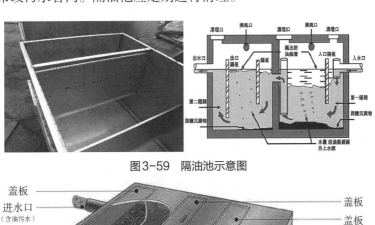

图3-59 隔油池示意图

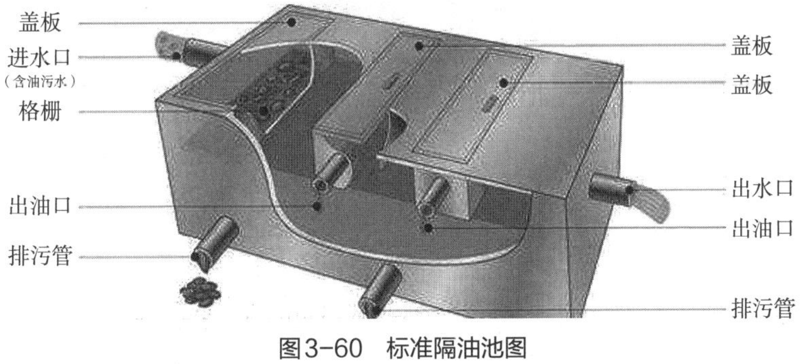

图3-60 标准隔油池图

②厕所污水处理措施

现场临时厕所应设置化粪池，并做防渗漏处理。化粪池的规格宜参照《建设工程施工现场环境与卫生标准》JGJ 146—2013规定。污水经过化粪池后排入市政污水管道，如现场没有污水管道，则排入密闭的集水池，定期进行清理。施工现场宜采用环保移动厕所（图3-61），每天及时清理，清理出的污水倒入化粪池中。食堂、盥洗室淋浴间的下水管线宜设置隔离网，并与市政污水管线连接，保证排水通畅。

图3-61 环保移动厕所

（3）废（污）水排放监测

对生产废水排放量及回用量进行统计监测。对生活污水定期进行检测，污水检测指标根据项目所在地相关部门污水排放要求设置，发现超标时，及时排查原因，采取相应的处理措施，确保污水排放达标。pH试纸对污水进行检测如图3-62所示，废（污）水检测如图3-63所示。

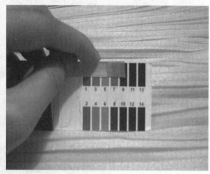

图3-62 采用pH试纸对污水进行检测

3.1.5 废气排放控制

（1）废气污染源

施工过程中产生的废气主要包括但不限于：施工机械设备排放的废气、施工

图3-63 废（污）水检测

工艺产生的废气、生活废气等。

（2）废气排放控制措施

废气排放应符合现行国家标准《汽油车污染物排放限值及测量方法》GB 18285—2018和《柴油车污染物排放限值及测量方法》GB 3847—2018。

1）机械设备产生的废气

①在选择施工机械设备时，应选择尾气排放达标的机械，可采用新能源运输车。环保车辆如图3-64所示，新能源运输车如图3-65所示。使用柴油、汽油的机动机械（车辆），宜使用无铅汽油和优质柴油做燃料，以减少对大气污染。

图3-64 环保车辆　　　　　　　　图3-65 新能源运输车

②当机械使用柴油时，宜设置尾气吸收罩（图3-66）。

2）施工工艺产生的废气

①使用符合国家标准的无毒或低毒的焊接材料，消除或降低焊接烟尘和有毒气体的危害。

图 3-66　尾气吸收罩

②爆破时，测定爆破作业面有毒气体的含量，当爆破炸药量增加或更换炸药品种时应在爆破前后进行有毒气体测定。

③严禁在施工现场焚烧废旧材料、有毒、有害和有恶臭气味的物质。

④严禁在施工现场燃烧木材，严禁使用油烟煤作为现场燃料。

3）生活废气

现场宜使用电茶炉或液化石油气炉灶，严禁使用散煤、烟煤、木炭等。食堂宜安装静电油烟净化器，达标排放。

（3）废气监测

施工现场宜配备可移动废气测量仪（图3-67），对易产生废气的机械设备进行定期监测，形成数据台账。对于施工过程中产生的有毒有害气体，相关专业应制定相应技术措施和应急管理措施。

图 3-67　移动废气测量仪

3.1.6 固体废弃物处理

（1）固体废弃物来源

施工现场固体废弃物主要包括建筑垃圾和生活办公垃圾两类，其中，建筑垃圾来自于施工生产、使用、维修、拆除过程；生活办公垃圾包括食物、烟头、食品袋、办公用纸、各类印刷品等。固体废弃物分类见表3-2。

固体废弃物分类　　　　　　　　　　　　表3-2

分类	回收利用情况	固体废弃物名称
一般废弃物	可回收利用	废钢材、废纸、废木材、废水泥袋、废电线、电缆、废塑料、食堂泔水
	不可回收利用	生活垃圾、建筑垃圾、沥青渣、废混料、炉渣、废土石方、废蓄电池
危险废弃物	可处置的	含油固体废物、废油、废含油手套、棉纱、废油桶
	需特殊处置的	废旧荧光灯管、废旧干电池、废石棉制品、化学原料容器、沥青包装桶、化工原料包装物、废放射源

（2）固体废弃物控制措施

1）生产废弃物处理措施

①生产废弃物减量化措施，包括通过合理下料技术措施，减少建筑垃圾；提高施工质量标准，减少建筑垃圾的产生，如：提高模板拼缝的质量，避免或减少漏浆等；采用工厂化生产的建筑构件，减少现场切割与湿作业。

②木工加工过程中，电锯、刨料产生的锯末、木屑、木块、配料等，应定期清理，清理后统一堆放在远离现场仓库的堆场。

③现场钢筋加工厂生产形成的废料应定期清理。

④各工区设立垃圾堆放区。

⑤施工现场宜选择建设可周转式垃圾站（图3-68），其构件在工厂加工成形，运输至施工现场后可直接组装。垃圾站顶部安装吊环，可根据场地情况灵活吊运布置，待工程完工可运输至其他工程周转使用。

⑥建立固定垃圾站或垃圾堆放区。

露天堆放的建筑垃圾应及时覆盖，避免雨淋。对建筑垃圾进行分类后，收集到现场封闭式垃圾站，集中运出。固定垃圾站如图3-69所示。

建筑垃圾堆放区至少保证3天的建筑垃圾临时储存能力，建筑垃圾堆放高度不宜超过3m。建筑垃圾堆放区地坪标高宜高于周围场地不小于15cm，堆放区四周设置排水沟，满足场地雨水导排要求。

图3-68　可周转式垃圾站

图3-69　固定垃圾站

　　设置明显的分类堆放标志（图3-70）。按有毒、有害废弃物，可回收弃物，不可回收废弃物分类堆放。对有毒有害废弃物单独堆放，设明显标识（图3-71），应交有处理资质单位处理。

图3-70　垃圾分类堆放标志

图3-71　有害物标识

　　⑦建筑垃圾运输单位应经当地建筑垃圾管理部门核准，并满足如下要求：

　　a.运输车辆有合法有效的行驶证。

　　b.运输单位具有当地主管部门颁发的准运证或营运证。

　　c.具有建筑垃圾经营性运输服务资质。

　　d.运输单位将建筑垃圾倾倒在核准的处理地点后，应取得消纳场地管理单位签发的回执，交送当地建筑垃圾主管部门查验。

　　e.采用封闭式环保车并结合相关标准运送到政府批准的消纳场所进行处理、消纳。废弃物的运输确保不散撒、不混放。自动平推式帆布顶盖全密闭装置如图3-72所示。

　　2）生活废弃物处理措施

　　①在生活区设置分类垃圾桶，分装废纸张和纸制品、塑料制品、金属类、其他类等，并定期清理。收集箱收集的废弃物分类见表3-3。

图3-72 自动平推式帆布顶盖全密闭装置

收集箱收集的废弃物分类   表3-3

序号	收集分类	主要收集内容
1	生活垃圾箱	废弃食物、烟头、茶叶、食品袋、清扫卫生垃圾、落叶
2	废纸收集箱	办公用纸、报纸、各类印刷品
3	统一回收 专项处理	废含油手套、油抹布、油棉纱
4		废机油、废润滑油
5		废石棉垫、石棉绳
6	泔水收集箱	泔水
7	需特殊废弃物收集箱	废荧光灯管、废电池、废蓄电池

　　②现场办公用品应制定节约计划，严格执行，减少纸张和油墨的使用，可能时应采用无纸化办公系统。

　　③非存档文件纸张采用双面打印或复印。

　　④办公室对废旧荧光灯管和废旧干电池采取以旧换新管理，回收后统一存放。

　　⑤废旧电池、废旧墨盒等有毒有害的废弃物封闭回收，不得与其他废弃物混放（图3-73、图3-74）。

图3-73 废旧墨盒回收

图3-74 废旧电池回收

（3）固体废弃物监测

项目管理部需对固体废弃物进行定期监测，并制定相应的处理措施。对于外运垃圾，施工现场宜建立地磅系统称重（图3-75～图3-76）。

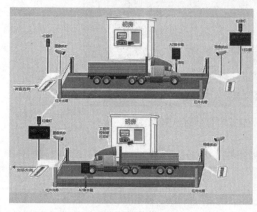 

图3-75　地磅系统　　　　　　图3-76　地磅系统现场图

3.1.7　液体材料污染控制

（1）液体污染源

施工现场液体污染源主要包括但不限于：油料、油漆、涂料、稀料等化学溶剂。

（2）液体材料污染控制

施工现场存放的油料和化学溶剂等物品应设专门库房，地面应做防渗漏处理。废弃的油料和化学溶剂应集中处理，不得随意倾倒。易挥发、易污染的液态材料应使用密闭容器储存，并对使用过程进行管控。

1）液体材料存储措施

应设置存放液体材料的专用库房，分类分区进行管理。液体材料储存如图3-77、图3-78所示。

对现场存放液体材料的库房地面和墙面进行防渗漏特殊处理，应有隔水层设计，并做好渗漏液收集和处理，防止跑、冒、滴、漏污染水体及地面。对于液体材料的储存地，储存、使用和保管要专人负责。施工现场液体材料存放地配置醒目警示标志。化学品存放标识如图3-79所示，封闭储油罐如图3-80所示。

2）液体材料使用过程中污染控制措施

①在设备维护和使用过程中，液体材料污染防治措施如下：

a.机械设备定期进行检查和维修，避免漏油。

图3-77　液体材料存储库房

图3-78　封闭油漆库图

图3-79　化学品存放标识

图3-80　封闭储油罐

b.机械用油及润滑油采用检验合格的油料，指标符合环保要求。

c.在设备修理车间进行防渗处理。

d.给施工机械润滑时，为防止润滑油遗撒，机械的修理应在规定的修理地点或车间进行。

e.在施工机械底部放置接油盘，设备检修及使用中产生的油污，集中汇入接油盘中，避免直接渗入土壤（图3-81）。接油盘定期清理，清理时，油污液面不得超过接油盘高度1/2，防止油污溢出。

图3-81　接油盘

f.油泵和千斤顶所用工作油的灌入应使用专用的油瓶进行，防止油遗撒；过滤完的油渣放入指定的容器内，交有资质单位回收处理；操作宜在硬化的场地上进行，油泵下设置接油盘。外接油管与油泵的接头宜采用自封式快装接头，以免拆下的接头漏油造成污染。

g.现场清洗设备的废油和其他清洗剂污水不得直接倒入下水道排放，应按有关规定经特殊处理后达标排放，不能处理的要装入容器内妥善保存。

②在模板、木材、钢材涂刷时，液体材料污染防治措施如下：

木制模板选用中性水性脱模剂，严禁选用废机油作为脱模剂。在进行模板脱模剂涂刷时，模板堆放场地宜铺垫彩条布、塑料布等材料，避免在脱模剂涂刷过程中，脱模剂流淌或遗撒，对土壤造成影响。对模板使用的脱模剂，剩余材料及包装桶由厂家进行回收处理，禁止与普通垃圾混放，对环境造成破坏。木材、钢材在涂刷防腐剂时，宜在硬化地面的场所进行，防止药剂直接渗入地面。防腐剂要在初凝时间前用完，防止浪费。胶粘剂具有弱碱或弱酸性，对地面土壤有环境影响。涂刷时，操作人员应戴防护手套，涂刷用的地面宜硬化。

3.1.8 地上、地下设施和文物保护

（1）地上、地下设施的保护措施

在进行高空作业，运输作业，或机械在操作的回转半径内，对各种建筑构筑物，高压电线及各种架空电线、管道应采取切实的安全保护措施，确保操作安全。打桩施工期间，应对邻近的建筑物进行监测，采取减振措施降低对周围建筑物的影响。

施工前应全面对地下各种设施开展调查，了解地下构筑物、基础平面与周围地下设施管线的关系，对城市地下市政管线提前做好保护计划，并对地下管线的沉降或位移进行监测。开挖基坑时，无论人工开挖或机械挖掘（在地下管线边线两侧的范围内，严禁用机械挖掘）均需分层进行。每层挖掘深度控制在20～30cm，一旦遇到异常情况时，必须仔细而缓慢挖掘，进行探索性开挖，明晰地下管线情况或采取防范措施后再继续开挖。

地下管线立桩警示如图3-82所示，地下电缆警示标志如图3-83所示。

（2）文物保护措施

施工前应制定地下文物保护应急预案，对施工现场的古迹、文物、墓穴、树木、森林及生态环境等采取有效保护措施。在职工中宣传文物保护知识，提高文物

图3-82 地下管线立桩警示　　　　图3-83 地下电缆警示标志

保护的法律意识。对施工过程中影响到的文物和古木采取保护措施，对于要迁移的树木在园林单位确认后由业主委托园林部门负责迁移，对需保护的文物，在文物单位的指导下提出监测保护方案，通报文物保护单位，并进行监测保护（图3-84）。

图3-84 树木保护

施工中发现的文物或有考古、历史文物、古墓葬、古生物化石及矿藏、地质研究价值的物品时，应马上停止施工，采取有效保护措施保护好现场，及时通知甲方和文物管理部门，并采取严密的专人看守与保护措施，严禁损坏或私自占有和非法倒卖，绝不允许人员移动及损坏任何这类物品。

3.2 节材与材料资源利用措施及实施重点

节材和材料资源利用是绿色施工中的重要内容，也是建筑业可持续发展的关键环节。建筑工程中建筑材料消耗大、费用高，直接影响工程造价，在保证工程质量、安全的情况下，应通过采取相应的节材管理措施和技术措施达到节材和材料的有效利用，可提高经济效益和社会效益。本节从材料选用、现场材料管理、节材措施及方法、材料再生利用等方面进行介绍。

3.2.1 材料选用

（1）工程材料

购入的材料符合设计要求，并满足现行国家绿色建材标准。在技术经济合理条件下，选用满足设计要求和节能降耗的建筑材料，推广使用节能或环保型建材产品。根据施工组织设计或施工方案，采购满足工艺和性能要求的材料，宜优先采购定制化生产的材料。建筑工程使用的材料宜就地取材，减少材料运输造成的能源消耗和环境影响。坚持材料的回收利用与审慎利用相结合的原则，对可再生利用的材料考虑其再生利用，对废弃后难以再利用和降解的材料应审慎利用，以防产生新的环境影响。

（2）周转材料

选用耐用、维护与拆卸方便的可周转材料和机具。周转材料应定期进行维护，延长周转材料使用寿命。采用工具式模板和新型材料模板，推广使用爬升模板、顶升模板和定型钢模板、铝模板、胶合板模板、竹胶板模板、塑料模板等。施工前宜对模板工程的方案进行优化，推广使用可重复利用的模板体系。模板支撑宜采用门式、承插式、盘销式工具式模板支撑体系。

（3）临时设施

现场临时设施所使用的材料优先使用可重复利用的材料。现场临时设施充分利用当地材料和旧料，宜采用移动式、容易拆装、可以多次重复使用的结构。宜利用施工现场或附近的现有设施（包括要拆迁但可以暂时利用的建筑物）。在同一地域有多个项目宜建立固定的基地，以免反复修建现场临时设施。

3.2.2 现场材料管理

（1）材料管理制度与计划

项目管理部门应根据施工进度、材料使用时点、库存情况等制定材料的采购和使用计划，制定详细的节约材料的技术措施和管理措施。

（2）材料装卸和运输

材料运输工具适宜，装卸方法得当，防止损坏和遗撒。根据现场平面布置情况就近卸载，避免和减少二次搬运。车辆运输材料时，材料不应超出车厢侧板，防止碰撞导致材料损坏和造成安全事故。工程粒料运输车应采用密闭的箱斗，防止沿途撒漏，污染环境。人工搬运材料时，注意轻拿轻放，严禁抛扔。

（3）材料进场验收

项目接到材料进场通知后，提前做好场地规划，做好相应准备工作。材料进场后，按计划单核对材料的规格、数量，索取产品合格证、说明书、质保书或试验报告等技术资料，并对材料进行质量检查。

（4）材料存储

根据材料的物理性能、化学特性、物体形状、外形尺寸等，选择适宜的储存方法。各种材料应分类堆放和标识。材料堆放场地要有排水措施，符合安全、防火的要求（图3-85、图3-86）。

图3-85　钢材堆放

图3-86　木材堆放

（5）材料出库

主要材料限额领料，填写《限额领料单》。发料时按《限额领料单》控制发料。出库材料做好台账，保管好各种原始凭证。

3.2.3 节材措施及方法

（1）工程材料

1）钢筋、钢材节材措施及方法

①封闭箍筋闪光对焊

封闭箍筋在遵守"强柱、弱梁、强核心区"的前提下，满足建筑承载力、刚度、延性及耗能等性能的同时，能有效解决柱梁绑扎时由于箍筋弯钩造成的绑扎和混凝土浇筑困难和梁柱主筋不到位的问题。箍筋闪光对焊作为一项新工艺，能有效节约人、材、机等资源，降低工程施工难度，提高施工效率，提高主体结构施工质量及安全使用功能。箍筋闪光对焊技术及成品如图3-87、图3-88所示。

图3-87　箍筋闪光对焊技术　　　　图3-88　箍筋闪光对焊成品

②新型数控钢筋加工

目前国内建筑工程的钢筋加工工艺方法较为落后，主要以人工手动操作为主，自动化水平不高，生产效率低下，制件的质量较差，且劳动强度大。采用新型数控钢筋加工技术将提高劳动生产率，降低相应的占地面积、人工费用、能源消耗，减轻操作者的劳动强度。新型数控钢筋加工技术适合较大及以上工程推广使用。数控钢筋加工设备如图3-89～图3-91所示。

图3-89　数控钢筋加工设备

图3-90　数控弯曲机

图3-91　数控箍筋机

③高强钢筋应用

高强钢筋是指强度级别达到400MPa及以上的钢筋，作为节材节能环保产品，其强度高、韧性好、易焊接、性能稳定，可以提高混凝土结构的抗震性能，增加建筑物安全度，对高层建筑和有抗震要求的工程作用尤其显著。用高强钢筋替代目前大量使用的HRB335级钢筋，可节约钢材12%以上。HRB400级高强钢筋已被列为重点推广应用的建筑业10项新技术之一，推广高强钢筋，对提高钢筋混凝土结构安全储备等具有十分重要的意义。HRB400级钢筋存放与应用如图3-92所示。

图3-92　HRB400级钢筋存放与应用

④混凝土现浇结构可周转钢筋马凳应用技术

为了保证板筋中上排钢筋的位置，上排钢筋绑扎过程中需要放置钢筋马凳。可周转钢筋马凳各节点均采用焊接，钢套管与支杆连接后可以自由转动。采用可周转钢筋马凳，应在混凝土初凝前取出，可以有效控制板上排钢筋的保护层厚度，减少钢材使用，节约施工成本。可周转钢筋马凳如图3-93所示。

⑤塑料马凳应用。

a.在混凝土板钢筋施工中采用塑料马凳代替传统钢筋马凳，既能保证板筋的位置准确，又节约材料降低成本。

b.塑料马凳有如下优点：

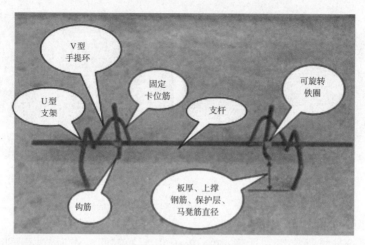

图3-93 可周转钢筋马凳

ⓐ强度高，刚度好，能够承担板钢筋荷载和施工荷载。

ⓑ解决板双层钢筋之间的有限距离，确保了主筋的位置准确。

ⓒ避免了钢筋混凝土在振动中钢筋移位。

ⓓ施工操作方便，如施工中马凳损坏可以及时更换，确保钢筋绑扎的质量。

ⓔ根据板的厚度使用各种高度型号的马凳，能严格控制钢筋混凝土保护层厚度。

ⓕ较钢筋马凳节约钢筋。

c.适应于厚200mm以下各种混凝土板的钢筋支撑定位。马凳应用如图3-94、图3-95所示。

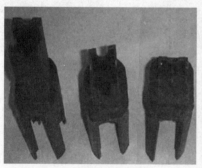

图3-94 塑料马凳

图3-95 钢筋马凳

⑥可重复使用悬挑脚手架预埋环应用。

悬挑脚手架预埋环是指在高层建筑施工中，在用于固定悬挑架型钢的钢筋外侧的混凝土板内预埋PVC塑料管，使钢筋可以重复使用。采用可重复使用预埋环可减少钢材使用量，可循环利用，使用寿命长，施工操作方便，工作效率高。适用于高层建筑悬挑脚手架（图3-96～图3-98）。

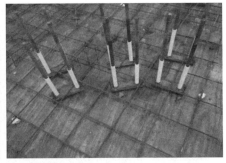

图3-96　可重复使用悬挑脚手架预埋环应用

1 盖板
2 工字钢梁
3 横向螺栓
4 旋转螺母
5 压板
6 底板
7 楼板
8 塑料套
9 钢筋柱
10 横板
11 固紧螺母

图3-97　可重复使用悬挑脚手架预埋环构造　　　图3-98　悬挑架安装完成

2）混凝土、砂浆、砌体节材措施及方法

①混凝土材料选用。

a.宜使用轻骨料混凝土。轻骨料混凝土是利用轻质骨料制成的混凝土，与普通混凝土相比，具有自重轻、保温隔热性、抗火性、隔声性好等优点。轻骨料混凝土应用如图3-99、图3-100所示。

图3-99　轻骨料混凝土保温板　　　　　图3-100　轻骨料混凝土

b.使用高强度、高性能混凝土，包括C60及以上的高强度混凝土、自密实混凝土等。该类混凝土材料密实、坚硬，耐久性、抗渗性、抗冻性好，且使用高效减水剂等配制的高强度混凝土还具有坍落度大和早强的性能，施工中可早期拆模，加速模板周转，缩短工期，提高施工速度。高强度、高性能混凝土应用如图3-101、图3-102所示。

图3-101　自密实钢管混凝土　　　　图3-102　C70混凝土施工

②混凝土施工工艺节材应用。

a.使用预拌混凝土和预拌砂浆（图3-103、图3-104）。预拌混凝土和预拌砂浆集中搅拌，比现场搅拌可节约水泥10%，现场散堆放、倒放等造成砂石损失减少5%～7%。

图3-103　预拌砂浆　　　　　　图3-104　预拌混凝土

b.应用清水混凝土节材技术。清水混凝土不需要其他外装饰，可省去涂料、饰面等化工产品的使用，既减少了建筑垃圾，又有利于保护环境。清水混凝土还可避免抹灰开裂、空鼓或脱落等隐患，同时又能减少结构施工漏浆、楼板裂缝等缺陷。清水混凝土应用如图3-105、图3-106所示。

图3-105　清水混凝土柱　　　　图3-106　清水混凝土装饰板

c.应用预应力混凝土结构技术。应用预应力混凝土结构技术可节约混凝土约1/3、钢材约1/4，从而也从某种程度减轻了结构自重（图3-107~图3-110）。

图3-107　无粘结预应力

图3-108　缓粘结预应力

图3-109　预应力梁

图3-110　预应力箱梁

d.采用现浇无粘结预应力钢筋水池（图3-111）。

图3-111　现浇无粘结预应力钢筋水池

③预制装配式混凝土结构应用。

a.预制装配式混凝土技术是指采用工业化生产方式，将工厂生产的主体构配件（梁、板、柱、墙以及楼梯、叠合板、预应力水池等）运到现场，使用起重机械将构配件吊装到设计指定的位置，再用预留插筋孔压力注浆或键槽后浇混凝土或后浇叠合层混凝土等方式将构配件及节点连成整体的施工方法。

b.预制装配式混凝土技术具有建造速度快、质量易于控制、构件外观质量好、节省材料等诸多优点。

　　c.预制装配式混凝土成品构件施工完毕后，可直接运输到施工现场，避免了环境污染。预制装配式混凝土成品构件如图3-112～图3-121所示。

图3-112　预制混凝土叠合梁

图3-113　预制混凝土叠合板

图3-114　预制混凝土外包柱

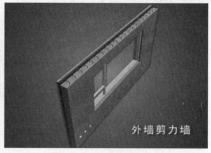

图3-115　预制外墙板

图3-116　预制混凝土楼梯

图3-117　预制混凝土内墙板

图3-118　外墙T形连接

图3-119　密肋楼盖

图3-120　组装过程

图3-121　装配式预应力水池

④新型石膏砂浆应用。

a.新型的石膏砂浆可代替水泥砂浆作为墙体抹灰的材料。石膏砂浆采用水石膏为基材，高分子聚合物为胶凝材料以及无机填料混合而成，是一种新型改良内墙粉刷材料。其改变了以水泥基为胶凝材料的传统习惯，与各种基底墙都有极佳相容性和黏附力。

b.新型石膏砂浆加水搅拌即可，且黏结性好，质轻，施工性能好，不开裂不空鼓。同样面积下，轻质石膏砂浆比水泥砂浆用量少1/2，落地灰少。

c.施工时，石膏砂浆干燥时间短，不用洒水养护，节省工期。

d.适用于混凝土剪力墙、加气砌块、黏土砖等基体的外墙内侧。新型石膏砂浆成品如图3-122所示。

⑤砌块集中定制加工措施。

砌块集中定制加工技术是指对砌筑材料集中加工配运，减少材料浪费，避免传统机电管线、穿墙管道等在砌体上开槽、开洞产生施工垃圾，提高了施工现场精细化管理水平。

砌块集中定制加工技术通过绘制砌体砌筑排砖图，对顶砌斜砖、墙体管线包管配砖等非标砌块集中定制加工；同时可按照机电管线、线盒、电箱大小结合砌

图3-122　新型石膏砂浆成品图

块砖的标准尺寸做成预制砖,并按编号运送至该施工部位。砌块集中定制加工如图3-123～图3-130所示。

图3-123　环保切砖机

图3-124　顶砌斜砖加工

图3-125　加气块切割机

图3-126　预制块加工机

图3-127　墙体管线包管配砖

图3-128　包管配砖施工

图3-129　穿墙套管预制套管技术　　　　图3-130　顶砌斜砖施工

⑥大孔轻集料砌块免抹灰应用。

a.大孔轻集料砌块是利用废弃的粉煤灰、炉渣、浮石等工业废弃物作为原料，以水泥为胶凝材料，经高压振捣、蒸养构成的砌块。其改善了砌块本身的技术性能和砌筑质量，同时减少了资源和能源的消耗。墙面用3～5mm厚粉刷石膏抹平即可，无须抹灰。

b.大孔轻集料砌块是一种轻质、高强、抗裂、耐久、粘砌快捷的节能环保型产品，产品具有材质紧密，壁薄孔大，表面平整的特点，墙体组合采用黏结砌筑工艺，收缩变形小，整体牢固。

c.大孔轻集料砌块免抹灰技术具有施工速度快、质量可靠、综合费用低等优点。

d.适用于抗震设防烈度为8度及以下地区的各种工业及民用建筑。大孔轻集料砌块实体砌筑如图3-131所示。

图3-131　实体砌筑效果图

⑦非承重烧结页岩保温砖应用。

a.非承重烧结页岩空心砖是以页岩、煤矸石和工业粉煤灰为主要原料，改变了传统采用泥土烧结砖技术，既节约土地，又将工业废弃物很好地利用。此种材料容重较轻，减少结构承重荷载，可减少结构钢筋等材料的投入。

b.非承重烧结页岩保温砖是在非承重烧结页岩空心砖的孔洞内填充高效保温材

料，形成墙体自保温体系，有效克服了保温墙体的防火及耐久性难题。

c.采用非承重烧结页岩保温砖的墙体，不需要节能保温施工，解决了传统外墙保温系统施工过程中塑料泡沫板污染的问题，可节约工期，提高保温施工质量和节能效果。非承重烧结页岩保温砖应用如图3-132和图3-133所示。

图3-132　非承重烧结页岩空心砖　　　　图3-133　非承重烧结页岩保温砖

⑧加气混凝土砌块墙体薄层灰缝砌筑应用。

加气混凝土砌块墙体薄层灰缝砌筑方法的墙面平整度好，可不用抹灰仅需腻子批涂，能有效解决传统砌体施工较常出现的灰缝开裂、抹灰层空鼓开裂、渗漏、隔声效果降低等问题。加气混凝土砌块墙应用如图3-134～图3-137所示。

图3-134　黏合剂　　　　　　　　　图3-135　施工成品

图3-136　砌筑　　　　　　　　　图3-137　"L"形连接件

3）沥青节材措施及方法-温拌沥青路面施工技术

温拌沥青通过向沥青中加入温拌剂，使之发泡，增大沥青的体积，从而使之获得很好的拌合和易性，降低拌合温度。一般来说，温拌沥青可以降低拌合温度20～30℃。拌合温度降低，集料、沥青的加热温度也随之降低，可以降低能耗30%左右。

沥青在加热过程中会排出有毒气体，温度越高排出得越多，加热温度降低就可以减少有毒气体的排放，有利于人体健康和保护环境。沥青温度过高会加速老化，影响路面性能，拌合和施工温度降低会减少沥青路面的拌合施工老化，提高路面的性能。

4）水电节材技术措施

①管道工厂化预制。

a.管道工厂化预制技术是通过现场测量、深化设计、绘制预制加工图、控制预制工艺、管道的预制、装配预制组合件、组合件编号等一系列的过程，完成了管道工厂化预制。

b.管道工厂化预制技术可通过管道的综合排布及管道的安全、功能、规范等要求对管井管道设计出合理的综合支架，流水化作业，可按统一标准加工制作，且可统一排料，减少管道材料在施工现场的损耗，节省材料。

c.管道工厂化预制技术可通过管井管道综合排布产生合理的施工程序，减少管道交叉翻弯；可随主体结构施工穿插作业，可将预制好的管段及组合件运至现场安装，且可减少高空作业辅助设施的架设，缩短施工周期，保证施工质量和安全。

d.管道工厂化预制技术可以减少主体工程的光污染、噪声污染和粉尘污染。水电精加工车间如图3-138所示。

图3-138　水电精加工车间

②负压吸附式管线穿装方法技术应用。

a.工业与民用建筑中，电气设备安装的管线穿装常采用钢丝引线穿引的方法，管路中若设有两三个弯之后，往往中间受阻，降低施工效率。

b.利用负压吸附穿装的方法，在所穿的线缆进线端部设置柔性物质做引线，在线缆所需的出口端用负压引风吸附柔性物质。在负压引风的吸附下，柔性物质在出口端部被吸附出，引线穿装完成后，出口端的柔性物质与线缆相连接，用人工在出口端抽拉柔性物质，将线缆拉出，从而完成管线的穿装。负压吸附式管线穿装方法无须预穿钢丝，节约材料。

c.适用于工业与民用建筑、电气设备安装的管线穿装。负压吸附式管线穿装方法示意如图3-139所示。

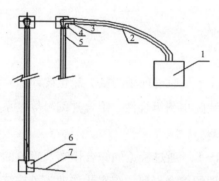

1.负压吸附设备；2.负压吸附管；3.负压吸附接头；
4.线缆出口端；5.预埋管路；6.线缆进口端；7.引线

图3-139 负压吸附式管线穿装方法示意图

③临时消防及照明管线采用永临结合。

在建工程临时室内消防竖管的设置应便于消防人员操作，其数量不应少于2根，当结构封顶时，应将消防竖管设置成环状。而传统的做法，消防竖管为临时管线敷设，一般设置在阳台、结构外墙、室内楼梯附近等位置。由于消防竖管的位置设置不理想，当室内墙体砌筑后，若室内发生火灾，将严重影响消防水的取用，且到后期还要将临时消防管道拆除，浪费人工，管线损耗也大。施工现场临时照明线路敷设量大，电线裸露，施工过程中经常挪动，容易造成电线易损坏、人员触电隐患，施工结束拆除后，也易造成电线损耗、丢失。

利用建筑正式消防管线作为施工阶段临时消防用水的管线，将正式管线按设计图纸安装在对应位置，在剪力墙或楼板上埋设支架固定管道，并安装出水支管，用于现场用水。这样能有效解决施工阶段防火消防要求，且能节约临时消防管线。现场需要用电照明的楼梯间、地下室等位置，可利用工程主体施工阶段电器预埋管敷设临时照明线路，采用正式预埋管道穿线，所穿电线与工程设计的规格型号一致，电线最终将保留在管内作为正式建筑用线。

临时消防及照明管线利用正式管线适用于各类公共建筑、商业建筑及民用建筑。临时消防及照明如图3-140～图3-143所示。

图3-140　正式消防管道做临时消防管

图3-141　临时用电与永久照明相结合

图3-142　正式消防水池加压水泵

图3-143　正式消防用水管

（2）周转材料

1）新型可周转模板

①工具式铝合金模板

工具式铝合金模板体系是根据工程建筑和结构施工图纸，经定型化设计和工业化加工定制完成所需要的标准尺寸模板构件及与实际工程配套使用的非标准构件。

工具式铝合金模板的优点：

a.铝合金建筑模板系统组装简单、方便，完全由人工拼装。

b.铝合金模板施工速度快和周转率高，有效地缩短了工期，且无须设置卸料平台，几乎不用起重机配合，减少项目管理成本。

c.铝合金的残值高，工程施工完成后铝合金模板的回收利用价值高。

工具式铝合金模板体系适用于群体公共与民用建筑，特别是超高层建筑，主要适用于墙体模板、水平楼板、梁、柱等各类混凝土构件。工具式铝合金模板应用如图3-144～图3-146所示。

②金属框木面模板

金属框木面模板是采用金属材料如钢、铝合金等做边框，内部镶嵌胶合板或

图3-144　工具式铝合金模板

图3-145　铝合金模板的支设　　　　图3-146　铝合金楼梯模板

木塑板等面板，形成钢铝框模板。金属框木面模板自重轻，规格尺寸少，标准化高，通用性强，拼接工具化，施工现场不需要再加工，避免现场加工时产生的建筑垃圾，使环境保持整洁有序，减少噪声污染。金属框木面模板是新型的绿色环保建材，安拆方便，周转次数多，回收价值高，其金属材料可回收，循环利用。模板用夹具拼装如图3-147所示，金属框木面模板龙骨效果图如图3-148所示。

图3-147　模板用夹具拼装

③塑料模板

塑料模板是用含纤维的高强塑料为原料，在熔融状态下，通过注塑工艺一次注塑成形的模板。施工现场只需简单加工，即可整体安装、整体拆卸，逐层使用，施工效率可比木模板提高40%，节约劳动成本30%，劳动强度大为降低。塑料模板

图3-148　金属框木面模板龙骨效果图

施工方法无须隔离剂，使用后的模板表面不粘混凝土，施工效果可以达到清水混凝土的要求，模板不需要清洁即可再次投入使用。塑料模板表面光滑、易于脱模、重量轻、耐腐蚀性好，与传统模板相比，可以减少木材和钢钉的使用；塑料模板应用如图3-149～图3-152所示。

图3-149　塑料模板的搭设

图3-150　塑料模板

④可多次周转玻璃钢圆柱模板

玻璃钢圆柱模板是采用不饱和聚酯与环氧树脂作为胶结材料，用低碱玻璃纤维布作为骨架逐层粘裹而成，具有抗拉强度高、韧性适中、耐磨、耐腐蚀、表面光滑等优点，并且材质本身较均匀，可近似看作匀质体。相对于定型钢模板，玻璃钢圆柱模具有成形效果好、重量轻、施工简便、造价低、周转率高等多项优点。适用于

图3-151　塑料模板顶板　　　　　　　图3-152　塑料模板墙柱

同规格大数量圆柱支模。

⑤电动液压爬升模板

电动液压爬升模板应用技术以剪力墙作为承载体，利用自身的液压顶升系统和上下两个防坠爬升器分别提升导轨和架体，实现架体与导轨的互爬；利用后移装置实现模板的水平进退。操作简便灵活，爬升安全平稳，速度快，模板定位精度高，施工过程中无须其他起重设备。

爬升模板具备自爬的能力，能减少起重机械数量、加快施工速度；爬升模板已按图设计成全钢大模板，节省模板拼装时间，减少了木材的使用，属于绿色环保产品。爬升模板应用如图3-153～图3-156所示。

图3-153　爬模组装　　　　　　　　图3-154　爬模围挡组装

图3-155　爬模连墙节点　　　　　　图3-156　液压爬升系统

2）新型模板支架

①盘扣式支撑架

盘扣模板支架是由焊接了八角盘的立杆、两端带有插销的水平杆以及斜杆组成的系统架。支架立杆、横杆、斜杆轴线汇交于一点，属二力杆件，传力路径简洁、清晰、合理，结构稳定可靠，且整体承载力高；各杆件使用的钢号、材质合理，物尽其用，减少用钢量，省材节能；盘扣节点采用热锻件，节点刚度大，插销具有自锁功能，可保证水平杆与立杆连接可靠稳定。

由于架体构造简单，均为标准化构件，架体间距大，外形美观，且采用低合金结构钢为主要材料，在表面热浸镀锌处理后，与其他支撑体系相比，在同等荷载情况下，材料可以节省1/3左右。适用于工业与民用建筑水平模板支撑系统，特别是高大空间模板支撑系统。盘扣模板支架应用如图3-157、图3-158所示。

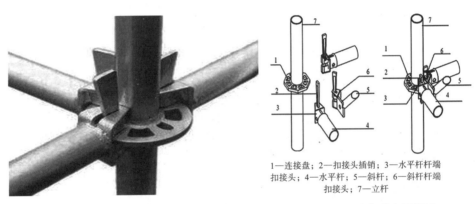

1—连接盘；2—扣接头插销；3—水平杆杆端
扣接头；4—水平杆；5—斜杆；6—斜杆杆端
扣接头；7—立杆

图3-157　盘扣节点实图　　　　　图3-158　盘扣节点示意图

②键槽式模板支架

承插型键槽式钢管模板支架技术运用中心传力原理，采用立杆插座和水平杆插头竖向插接的方式，形成中心传力的结构形式。架体顶部采用可调顶撑插接四个方向水平杆且可连接竖向斜杆的形式，消除了架体顶部的自由端，改善了钢管支架结构体系的受力状态，提高了承载力和稳定性，保证通用性和安全性。

承插型键槽式钢管支架采用低合金结构热镀锌材料，强度高，具有防腐防锈的特点。应用承插型键槽式钢管支架可节约钢材。承插型键槽式钢管支架在设计时单件重量不超过12kg，方便搬运和装拆，且不会有零散的配件跌落，减小施工危险性，具有较高的安全性，可减少事故隐患。适用于建筑、市政、公路、铁路等工程建设领域的模板支架。键槽式模板支架如图3-159所示。

图3-159 键槽式模板支架

3）新型脚手架系统

①电动桥式脚手架系统应用

电动桥式脚手架系统是一种大型自升降式高空作业平台，仅需搭设一个平台，沿附着在建筑物上的三角立柱通过齿轮齿条传动方式实现升降，平台运行平稳，使用安全可靠，且可节省大量材料。电动桥式脚手架实图如图3-160所示。

图3-160 电动桥式脚手架实图

电动桥式脚手架由驱动系统、附着立柱系统、作业平台系统三部分组成。电动桥式脚手架示意如图3-161、图3-162所示。

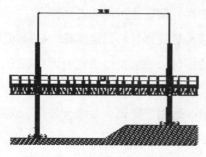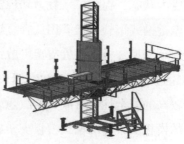

图3-161 电动桥式脚手架示意　　图3-162 电动桥式脚手架透视图

电动桥式脚手架系统应根据工程结构图进行配置设计，合理确定平面布置和立柱附墙方法，根据现场基础情况确定合理的基础加固措施。电动桥式脚手架系统自身拆卸灵活，方便，轻巧，能减轻操作工人的劳动强度，加快施工进度；可替代传统脚手架及电动吊篮，降低材料的使用。电动桥式脚手架主要用于各种建筑结构外立面装修作业，已建工程的外饰面翻新，结构施工中砌砖、石材和预制构件安装，玻璃幕墙施工、清洁、维护等，也适用桥梁高墩、特种结构高耸构筑物施工的外脚手架。

②全集成升降式爬架平台系统应用

全集成升降式爬架平台系统是一种为高层建筑施工提供外围防护和作业平台的成套高效建筑设备。它由支架系统、附着导向和卸荷系统、动力提升系统、防坠系统、施工防护系统、智能化超载报警系统共六部分组成。依照其动力来源可分为液压式、电动式、人力手拉式等几类。全集成升降式爬架平台系统根据图纸及外立面结构特点深化设计，在工厂进行预制，施工现场组装，解决了高层建筑外围防护搭设难度大、危险性大等问题。该系统主要应用在高层、超高层建筑，使脚手架实现了半装备化、工具化和标准化，符合国家环保、节能减排的产业发展方向。

全集成升降式爬架平台系统使用过程中，依靠自身动力升降，不占用起重机，减小劳动强度、加快施工进度，实现了高层建筑脚手架工艺的机械化施工，提高了高层建筑施工机械化水平，促进了建筑施工技术的进步。全集成升降式爬架平台系统一次搭设循环使用，节约人工费，与落地式外脚手架相比，一次性投入材料减少，可节约钢材使用约2/3～3/4。同时，全集成升降式爬架平台系统采用预制钢板，外围维护采用铝合金隔离网片，避免高空散装散拆的坠物隐患，杜绝了老式外架的塑料安全网，木制脚手板使用，架体外形美观漂亮。全集成升降式爬架平台系统如图3-163～图3-165所示。

图3-163 外观效果图

图3-164 底部封闭防护图   图3-165 爬架提升系统

③荷载预警爬升料台系统应用

荷载预警爬升料台系统由附墙支座、导轨、物料平台、称重系统、控制系统及辅助架体组成，可工厂化预制生产，实现施工现场工具式组装。荷载预警爬升料台系统依靠自身的升降设备和装置，可随工程结构逐层爬升，不占用起重机时间，省时方便；具有防倾覆、防坠落机械装置，升降安全；具有称重装置，可实时监控平台荷载，超重时声光报警，同时可连接至远程终端，实现远程监控。它适用于主体结构、砌筑装修、外墙粉刷等施工时的物料转运。荷载预警爬升料台系统应用如图3-166、图3-167所示。

图3-166 爬升料平台示意图   图3-167 爬升料平台实图

④抽屉式建筑悬挑卸料平台应用

抽屉式建筑悬挑卸料平台系统是一种为高层建筑施工提供安全防护和作业平台的成套高效建筑设备，在工厂进行预制，使卸料平台实现了半装备化、工具化和标准化。施工现场组装用钢支顶固定，无须预埋件，安装方便，可操作性强，解决了高层建筑物料运输难度大、危险性大等问题。抽屉式建筑悬挑卸料平台系统依靠自身动力可室内外移动，减小劳动强度、加快运送进度，实现了高层建筑安全放料，且吊装省时。抽屉式建筑悬挑卸料平台系统可多次循环使用，节约人工费，与传统卸料平台相比，安全方便节约成本。抽屉式建筑悬挑卸料平台适用于高层、超高层建筑。抽屉式建筑悬挑卸料平台如图3-168、图3-169所示。

图3-168 抽屉式建筑悬挑卸料平台工地外景

图3-169 抽屉式建筑悬挑卸料平台

⑤ 单侧穿梁预埋的悬挑脚手架应用

单侧穿梁预埋悬挑脚手架是一种高层建筑中新型悬挑架梁侧全预埋安装搭设装置。其组成构件包括悬挑梁、直线梁、斜角梁及对角梁、斜拉杆、下支撑杆、预埋体系。单侧穿梁预埋的悬挑脚手架如图3-170～图3-176所示。

图3-170 悬挑梁

图3-171 直线梁

图3-172 斜角梁及对角梁

图3-173　斜拉杆

图3-174　下支撑杆

图3-175　预埋件

图3-176　安装螺栓

新型悬挑架中的型钢梁所采用的工字钢用量，比传统产品减少了穿越墙体伸入室内锚固在楼面梁和楼面板上的长度，其重量减轻了56%以上，既节省型钢及U形预埋件，同时又节省了拆除传统型钢和预埋件后所需的切割、补砌筑等环节的费用和工时。全新的安装搭设方式，可以有效保证施工质量，杜绝渗水漏水隐患，并且构件重复使用率为95%。并且不需穿墙安装，不会损坏混凝土墙、梁、板等结构，有效杜绝外墙渗水、漏水现象，能有效保证主体结构的施工质量。室内没有型钢梁妨碍建筑垃圾清理及施工人员行走，各种施工工序可交叉进行，施工现场简洁、美观。悬挑型钢梁与建筑物主体结构的固定是采用可拆式预埋高强螺栓，型钢梁拆除后，预埋螺栓还可回收重复使用。

4）标准化周转构件应用

①定型化移动灯架应用

定型化移动灯架采用6061-T6优质铝型材作为承重载体，灯光架的两端为三角板形式，顶部做成围护栏形式作为灯具放置点，结构简洁，安装使用方便，质量安全可靠，可反复使用，运输方便。定型化移动灯架可替代传统的钢管搭设的灯架，可节省材料，降低劳动强度，提高工作效率。定型化移动灯架适用于各类建筑工地照明。定型化移动灯架如图3-177、图3-178所示。

图3-177　定型化移动灯架图　　　　图3-178　定型化移动灯架示意图

②标准化塑料护角应用

标准化塑料护角在工厂定型加工，涂上玻璃胶粘在柱子上即可，同时上部用黄黑警示带缠绕一周，既可增加护角之间的连接，又可增加整体的美观性。传统的木模护角施工效率低，材料很难实现周转使用，且耗费大量的人工成本。标准化塑料护角可重复使用，提高了材料的利用率，成本较低，且安装方便，节省了大量的人工。标准化塑料护角适用于现场所有柱、墙的阳角成品保护。标准化塑料护角如图3-179、图3-180所示。

图3-179　塑料护角图　　　　　　图3-180　塑料护角实施效果图

③定型钢模板应用

定型组合钢模板是一种工具式定型模板，由钢模板和配件组成，配件包括连接件和支撑件。钢模板可以通过连接件和支撑件组合成多种尺寸结构和几何形状的模板，以适应各种类型建筑物的梁、柱、板等施工的需要，也可用其拼装成大模板、滑模、隧道模和台模等。定型钢模板施工时可在现场直接组装，亦可预拼装成大块模板或构件模板用起重机调运安装，组装灵活，通用性强，拆装方便；每套钢模可重复使用50～100次；加工精度高，浇筑混凝土的质量好，成形后的混凝土尺寸准确，棱角整齐，表面光滑，可以节省装修用工。适用于市政工程的桥墩、桥体等。定型组合钢模板如图3-181所示。

图3-181　定型组合钢模板应用

（3）临时设施

1）工具式安全防护应用

①工具式安全防护是指配电箱防护棚、钢筋及木工加工棚、安全通道、基坑防护、楼层防护、楼层洞口及楼梯临边防护、施工电梯防护门、电梯井防护门等采用定型化、工具化可组装拆卸的防护设施。

a.配电箱防护棚、钢筋及木工加工棚、安全通道可使用方管焊接法兰用螺栓连接组装而成，便于拆卸，运输方便。工具式安全防护应用如图3-182～图3-185所示。

图3-182　配电箱防护棚　　　　　　图3-183　钢筋加工棚防护

图3-184　可周转木工加工棚　　　　图3-185　安全通道

b.基坑临边防护、楼层防护可采用定型化的护栏,以50mm×50mm×3mm方钢管作为栏杆柱,40mm×40mm×3mm角钢作为网片边框,网片采用直径2mm低碳高强钢丝网、膨胀螺栓、150mm×150mm钢板、角钢固定组成。此防护施工快,易拆装。基坑临边防护、楼层防护如图3-186、图3-187所示。

图3-186 基坑临边防护

图3-187 临边防护

c.临边洞口与外墙面垂直的防护。采用外径60mm钢管与3mm厚的钢板焊接在一起,形成法兰盘,法兰盘上四角留4个螺栓孔,底座固定在墙上,钢管固定至法兰盘内,用螺栓顶紧,既美观又牢固。临边防护与外墙面平行的防护。把旋转扣件一分为二,通过旋转扣件中间螺栓口,用平头膨胀螺栓固定在墙上。临边洞口与外墙面垂直的防护如图3-188~图3-191所示。

图3-188 垂直防护 　　图3-189 水平防护

图3-190 临边防护

图3-191 旋转扣件

　　d.楼梯防护立杆采用法兰盘固定于地面，水平栏杆转弯处采用90°弯头，两端焊接外径60mm套管，扶手钢管套入转角钢管内以螺栓固定。楼梯防护如图3-192、图3-193所示。

图3-192 防护节点

图3-193 楼梯防护

　　e.施工电梯防护门及电梯井防护可由方钢管、角钢、丝杠、螺母加工制作而成。此种定性防护由两部分连接而成，连接通过螺母调节，适用于通道、洞口防护，制作工艺简单，外观简洁，适用性强，无各种环境污染。施工电梯防护门及电梯井防护如图3-194、图3-195所示。

图3-194 施工电梯防护门

图3-195 电梯井防护

②工具式安全防护安拆方便，标准化的防护用品可由公司集中加工定制，项目租赁使用，保证了防护用品的及时性和统一性，美观牢固，且有利于材料周转使用，降低成本。

③工具式安全防护适用于所有的建筑施工项目。

2）链板式电梯门应用

链板式电梯门是指电梯上拉门、下翻门用一根钢丝绳及滑轮等联系起来并通过推拉下翻门进出电梯的装置。原普通施工电梯需要在电梯口通往楼层两侧搭设防护脚手架作为安全通道，搭设脚手架既费工费料又存在一定的安全隐患。为此，通过对原有施工电梯门进行设计改造，创新设计成链板式电梯门，节省了电梯口通楼层通道两侧脚手架防护的搭设，提高了效率，既安全又方便。适用于大部分民用与工业建筑。链板式电梯门应用如图3-196～图3-198所示。

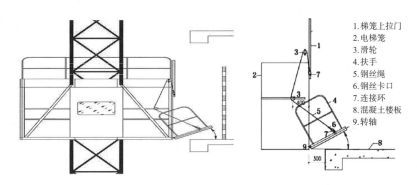

图3-196 链板式电梯门立面示意图　图3-197 链板式电梯门详图

1.梯笼上拉门
2.电梯笼
3.滑轮
4.扶手
5.钢丝绳
6.钢丝卡口
7.连接环
8.混凝土楼板
9.转轴

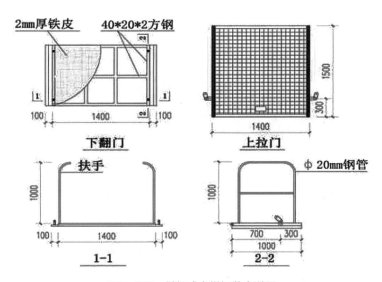

图3-198 链板式电梯门节点详图

3）可周转定型的防护楼梯应用

可周转定型的防护楼梯采用角钢、钢管、花纹钢板构成。主要构件之间采用螺栓连接，每节防护楼梯之间预留吊装环，方便吊装；外围防护采用钢丝网，上下通行采用连接在主框架上的钢楼梯，安全可靠。可周转定型的防护楼梯下应做混凝土底座，夜间应设置照明措施及警示灯，防护楼梯必须安装附墙装置。可周转定型的防护楼梯如图3-199所示。

图3-199　可周转定型的防护楼梯实施效果图

4）临时设施工具化应用

现场临时设施尽量做到工具化，可重复利用。钢筋地笼、材料堆放架、废料池、氧气乙炔防护棚、焊机箱、钢梯、标养室、门卫、茶水棚、集水箱、仓库等都可以是工具化可吊装设施。临时设施可在短时间内组装及拆卸，可整体移动或拆卸再组装以再次利用，将大量节约材料。临时设施工具化应用如图3-200～图3-212所示。

图3-200　钢筋地笼

5）可周转工具式围挡应用

在工程施工中，临时围挡是必不可少的一项临时设施。临时围挡也有很多种做法，传统做法是砖砌围挡，施工结束后拆除，这将产生大量的建筑垃圾。也可采用单层彩钢板围挡，但存在强度不足的问题，因此可以利用彩钢夹芯板及压型钢立柱

图3-201 材料堆放架

图3-202 工具式废料池

图3-203 氧气、乙炔防护棚　　　　图3-204 移动焊机箱、钢梯

图3-205 试块养护架　　　　　图3-206 集装箱养护室

图3-207　可周转茶水棚

图3-208　可周转门禁

图3-209　可周转集水箱　　　　　图3-210　可周转式的仓库

图3-211　氧气防护棚　　　　　图3-212　移动焊机箱

组合成可周转工具式围挡。

　　可周转工具式围挡美观实用，且可多次重复利用，可减少夹芯板废弃造成的环境污染。如可采用临时板房夹芯板淘汰的EPS夹芯板作为挡板，进行二次利用。这种围挡形式广泛应用于道路、铁路、建筑和城市市政等临时施工用围挡和围护。现场围挡如图3-213～图3-217所示。

图3-213　临时围挡样式图

图3-214　办公区与生产区的隔离围挡

图3-215　工地入口处的围挡

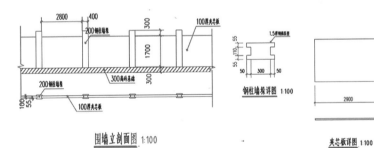

图3-216　临时围挡各部位尺寸图

图3-217　拐角透视围挡实景图

6) 构件化PVC绿色环保围墙应用

构件化PVC绿色环保围墙的主要材质为硬质PVC材料，为全回收绿色环保材料，围墙支架采用薄壁型钢，PVC围墙具有质量轻、易加工、防潮、阻燃、耐腐蚀、抗老化、色泽稳定等特点。其结构简单，易于组装拆卸，可实现围墙搭建的快速化与构件化。围墙安装、拆除过程中无有害物和垃圾，符合国家绿色建筑理念，社会效益显著。与传统方法相比，减少了材料用量，降低了施工成本，可回收利用，节约了能源消耗，符合国家关于建筑节能工程的有关要求，节约资源和工期。

构件化PVC绿色环保围墙拆除时只需将围墙各个部件拆卸下来，分类摆放整齐即可。拆除PVC板时应轻拿轻放，以免损坏板材。拆卸下来的围墙部件，送至仓储区分类整齐堆放，妥善保管，以备再次使用。已报废的PVC板可收集整理，集中回收返厂，作为新PVC产品的原材料，进行循环使用。

构件化PVC绿色环保围墙具有较大的刚度、稳定性，适用于建筑工程、道路工程及其他临建工程所需的永久性围墙或临时围墙。构件化PVC绿色环保围墙如图3-218、图3-219所示。

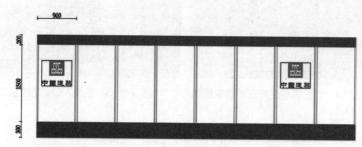

图3-218　构件化PVC绿色环保围墙效果图（单位：mm）

图3-219　构件化PVC绿色环保围墙实图

7) 可周转式的箱式板房应用

可周转式的箱式板房是指具有标准化尺寸、布置、企业形象标识、家具规格、电路配置等的临建设施，应在项目办公区及其他临时辅助用房的实施方案中，以示意图、立面图、节点图等多角度表述箱式板房做法。

可周转式的箱式板房为整体结构，内有型钢框架，墙体为彩钢复合板，可整体迁移，具有拆装方便、稳定牢固、防震性能好、防水、防火、防腐、质量轻等良好性能。可周转式的箱式板房适用于所有项目中办公和其他辅助用房。可周转式的箱式板房如图3-220～图3-233所示。

图3-220　箱式房整体效果

图3-221　集装箱式办公室

图3-222　集装箱式办公室安装

图3-223　集装箱式宿舍吊运

图3-224　集装箱式活动板房

图3-225　集装箱式标养室

图3-226　可周转箱式食堂

图3-227　可周转箱式宿舍

图3-228　可周转箱式厕所实图

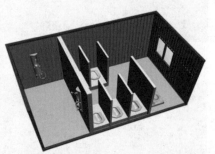

图3-229　可周转箱式厕所效果图

图3-230　集装箱式厕所

图3-231　集装箱式浴室

图3-232　集装箱式配电箱

图3-233　集装箱式门卫

8）周转式混凝土临时道路应用

周转式混凝土临时道路是指采用配筋混凝土预制块铺装施工现场临时道路，可通行重车，代替传统的现浇混凝土路面的施工工艺，可周转使用，减少垃圾排放，节能环保。

施工现场临时道路布置应按照与原有及永久道路相结合的规划原则，可先进行总体管网施工，采用永久道路施工材料完成路基施工，铺装周转式混凝土道路用于临时道路使用，待主体工程完工后，直接在基层上铺设面层。

周转式混凝土临时道路预制块铺装前必须确保基层平整、坚实，采用错缝铺装，避免通缝。周转式混凝土临时道路适用于施工临时道路和施工场地的铺设，如图3-234～图3-238所示。

3.2.4　材料再生利用

（1）建筑垃圾破碎制砖技术

建筑垃圾砖生产技术是以建筑垃圾为原料，以节能、降耗、减排为设计指导思想，运用环保节能免烧砖全自动生产线生产便道砖、砌墙砖的技术。建筑垃圾砖是将收集的混凝土、砂浆、碎砖块等建筑垃圾，经过破碎机的破碎、筛分等工序处

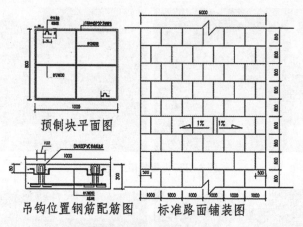

预制块平面图

吊钩位置钢筋配筋图   标准路面铺装图

图3-234　各部位尺寸图

图3-235　现场实施整体效果

图3-236　角钢包角效果图

图3-237　绑筋支模

图3-238　周转式混凝土临时道路

理，形成粒径小于20mm的碎块，然后将水泥、粉煤灰、砂、电石渣和磷石灰等辅料按照一定的比例混合并搅拌，最后将拌合物送入制砖机，挤压成形，可制成便道砖、砌墙砖。

　　建筑垃圾制砖可有效消纳大量建筑垃圾等多种固体废弃物，有效解决建筑垃圾侵占土地、污染环境等问题，节约土地资源。建筑垃圾制砖应用如图3-239、图3-240所示。这种方法适用于各类工程产生的建筑垃圾。

图3-239　建渣破碎机　　　　图3-240　建筑垃圾砖制砖机

（2）废旧材料加工定型防护应用

施工过程中，会产生为数不少的短木方、窄竹胶板等废旧周转材料。像1m以下的木方续接再利用的价值不大，通常会当做废旧物资处理掉，而竹胶板的边角料产生的量也比较大，无法再用于正常的模板支设。本方法是利用这些废旧材料来制作加工定型小型孔洞封堵板、防护脚手板。可根据小型孔洞尺寸选用废弃的木料或竹胶板加工孔洞封堵板，以及及时搜集现场的废旧材料进行加工制作定型防护。这种方法减少了废旧材料在现场的堆放和对环境的污染，实现建筑废弃物处理减量化。同时减少了木材的投入量，减少了对树木的砍伐，有助于生态环境保护。

该方法适用于施工现场的小型孔洞封堵及外脚手架工字钢悬挑层作为硬封闭防护和代替作业层竹笆片防护。废旧材料加工定型防护应用如图3-241～图3-244所示。

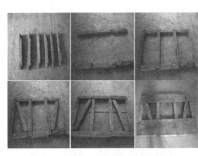

图3-241　利用旧木板及竹胶板做悬挑层的硬封闭防护

图3-242　模板接长　　　　　图3-243　废旧材料做楼梯防护

图3-244　孔洞封堵板

（3）挖方石材再利用

毛石混凝土是指在混凝土中加入一定量的毛石，一般用在基础工程的多。在大体积混凝土浇筑时，为了减少水泥发热量对结构产生的病害，在浇筑混凝土时也会加入一定量毛石。毛石混凝土一般适用于基础工程，如毛石混凝土挡土墙、毛石混凝土垫层等。毛石混凝土应用如图3-245、图3-246所示。

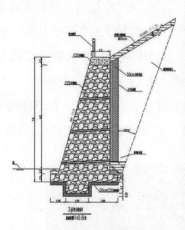

图3-245　毛石混凝土示意图　　　　　图3-246　毛石混凝土垫层

可以充分利用废料资源。挖方、开凿或爆破产生的石料，除铺筑道路外，可将毛石用于毛石混凝土施工。这样能够减少石方资源的浪费，增加挖方石料的利用率。并且不管开凿或爆破产生的石料，采取就地利用能够有效减少车辆运输造成的相关污染，防止了外运产生的滴撒漏，减少土地资源浪费。

（4）表土绿化再利用

表土是泥土的最高层，通常在顶部15～20cm。清表土是指含有最多有机质和微生物的地方，大量耕植土和腐殖质存在，且本身就适宜植物生长的地表土，一般路基清表土不超过30cm。清表土可再次利用，提高绿植成活率。并且能够减少弃土方量、化肥的使用、土地资源征用。清理的表土可广泛应用于市政工程、道路工程中央绿化带和景观工程绿植等。

（5）方木对接技术应用

由于结构形式、构件尺寸等不同，方木龙骨在多次周转后，会被切割变短，待工程结束后，短方木一般会以废料回收，甚至作为现场垃圾处理。采用方木对接工艺，增加截短方木的周转次数，对于减少材料消耗，降低工程成本具有重要意义。方木对接技术适用于各类工程，如图3-247～图3-250所示。

图3-247 方木机械切齿

图3-248 方木对接刷胶

图3-249 全自动木枋接长机

图3-250 方木对接加长

（6）河湖污泥处理及制陶技术

河湖污泥的泥量大、有机质含量低、含水率高，其资源化利用途径主要是场地回填、堤岸整治、园林绿化、矿山修复等，但往往由于含有污染物、工期衔接等因素导致无法实施。因此，国内河湖污泥目前消纳的主要途径是寻求合适的地方堆存，消纳的压力巨大。

污泥可以用于制作陶粒，用于绿化、吸附过滤材料、轻质砌块、隔热保温材料以及配合轻骨料混凝土等。但当下的污泥制陶工艺仍然存在一些缺陷。由于传统制陶工艺无法避免250～800℃的升温段，污泥成分又非常复杂，无法有效避免二噁英的产生。同时，传统制陶工艺烟气处理不达标。在烧煤制陶被禁止的情况下，制陶的高能耗问题成为制约污泥制陶的一大因素。由于传统污泥陶粒的筒压强度低，一般不超过2MPa，只能用于养花、滤料、湿地等小众市场，消纳能力非常有限。

余热干化、烧制陶粒技术是指采用烟气以及陶粒余热对物料进行干化，采用新型材料对陶粒进行补强，再采用三叶式回转窑进行高温烧制。与传统回转窑烧制陶粒工艺相比，余热干化、烧制陶粒技术有能耗低、精确控温、排放烟气达标、维护成本低等优势。另外由于陶粒强度高，不仅可以用于传统的陶粒市场，如绿化、吸附过滤材料、轻质砌块、隔热保温材料等。还可用于透水砖、高性能混凝土轻质骨料的制作，配置C30～C80混凝土等。河湖污泥节能环保制陶相关流程及设备如图3-251～图3-253所示。

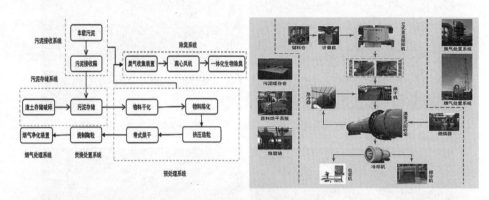

图3-251 污泥处理处置工艺流程

图3-252 三叶式回转窑

图3-253 制陶车间

用陶粒制成的轻骨料混凝土相较于普通混凝土，与水泥砂浆粘结力更强，不易产生界面裂缝。高强陶粒轻骨料混凝土如图3-254所示。陶粒规格用途以及适用范围见表3-4、图3-255、图3-256。

（7）弃土再生建材填筑技术

城市水环境综合治理项目的管网工程施工过程中，由于基槽开挖产生大量的弃土（即"渣土"），面临转运和处置的困难。现阶段常用的回填材料是石粉渣，当基槽工作面较狭窄，采用小型压实机械或人工碾压时，压实度不能满足要求，管道的

图3-254 高强陶粒轻骨料混凝土

陶粒适用范围 表3-4

级别（kg/m³）	筒压强度（MPa）	配制混凝土强度	应用领域
600～700	10	C40	中高层建筑、铺板路、桥梁桥面、装配式建筑
700～800	13	C50	高层建筑、石油钻井平台、装配式建筑
800～900	16	C60	长大桥、大跨度无支撑结构屋顶、超高层建筑
900～1150	20	C70	高铁箱梁、超高层建筑

图3-255 陶粒大跨度无支撑结构屋顶

图3-256 陶粒铺板路

腋角也是压实的盲区，钢板桩拔桩后易产生变形和扰动破坏导致管道基础沉降等难题。对以上难题进行研究，形成了弃土再生建材填筑技术。

弃土再生建材填筑技术是将由弃土、水泥、早强剂、水等配置成一种具有自流平、自密实的可控低强度材料，通过专用施工设备进行基槽浇筑，解决了基槽回填基础承载力低和沉降控制的难题。弃土再生建材填筑技术实现了"土方平衡"和弃土的资源化利用，节约了工程施工成本和周期，为弃土处理、基槽回填等提供了一个经济环保的解决方案。适用于城市管网工程施工中的弃土及回填处理。城市弃土再生建材专业施工设备如图3-257所示。

图3-257　城市弃土再生建材专业施工设备

3.3 节水与水资源利用措施及实施重点

建立水资源保护和节约管理制度。施工现场的办公区、生活区、生产区用水单独计量,建立台账。采用耐久型管网和供水器具并做防渗漏措施。施工现场办公区生活的用水宜采用节水器具。结合现场实际情况,充分利用周边水资源。本章节从用水管理、节水措施及方法、水资源利用、材料再生利用等方面进行介绍。

3.3.1 用水管理

(1) 施工用水管理

现场临时用水系统应根据用水量设计,管径合理、管路简捷;本着管路就近、供水畅通的原则布置,管网和用水器具不应有渗漏。施工现场用水分区计量,建立用水台账,定期进行用水量分析,并将用水量分析结果与既定指标做对比,及时采取纠偏措施。现场用水管理如图3-258、图3-259所示。

现场机具、设备、车辆冲洗用水,路面、固废垃圾清运前喷洒用水、绿化浇灌等用水,优先采用非传统水源,不宜使用市政自来水。

混凝土养护用水应采取有效的节水措施,如:薄膜覆盖、涂刷养护液、覆盖锯末、草袋、草帘、棉毡片或其他保湿材料等措施。进行养护和淋水试验的水,宜采用沉淀池中的过滤水,养护时采用节水的喷雾装置喷水,并循环使用。混凝土洗泵水和养护用水循环重复利用如图3-260所示。

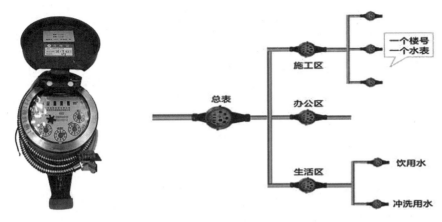

图3-258　计量水表　　　　　　　　图3-259　现场用水分区计量

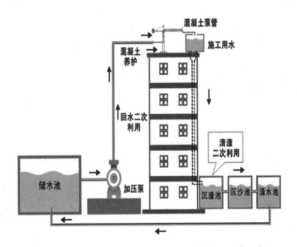

图3-260　混凝土洗泵水和养护用水循环重复利用

管道试压用水宜选用现场水源，宜安装回收装置，回收用水可用于下次试压。施工现场应加强供水管网日常检查维护，杜绝水资源浪费。

（2）办公生活用水管理

合理设计办公生活区供水、排水系统，水资源循环利用。生活、办公区宜建立回收蓄水池，储存回收生活废水，经沉淀后用于冲洗车辆、厕所及绿化。生活污水收集如图3-261所示，生活污水循环利用如图3-262所示。

办公生活区的食堂、卫生间、浴室等应采用节水器具，节水器配置率达到100%。节水器应用如图3-263～图3-266所示。生活区的洗衣机、淋浴等可采用计量付费方式，控制用水量，提高人员节约用水意识。

（3）消防用水管理

消防用水、消防设施应满足《建设工程施工现场消防安全技术规范》GB 50720—

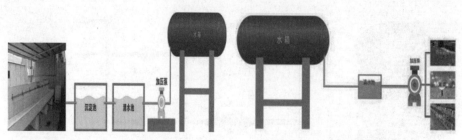

图3-261　生活污水收集　　　　　　　图3-262　生活污水循环利用

图3-263　工地卫生间

图3-264　感应洗手池

图3-265　节水型冲洗阀、水龙头

图3-266　节水型冲洗水箱

2011的要求。在办公生活区、施工区按区域大小及用水量合理设计消防设施，且有充足的水源保证消防用水。定期检查消防设施，确保其应急功能。寒冷地区露出地面的管道及消火栓应有保温措施，保证冬季顺利开启。

3.3.2　节水措施及方法

（1）施工用水

1）自动加压供水系统应用

自动加压供水系统可提供消防用水和施工用水，能自动启动给水系统，方便快捷，满足用水需求。自动加压供水系统供水时自动加压，关水自动关机与缺相保护，可以抑制频繁起动电路、防空抽。水池满时会自动关水，水池空时会自动供水，使水池水位处于正常状态，循环使用，节约用水。自动加压供水系统可实现24小时供水，对施工用水和消防用水使用方便，且成本低。自动加压供水系统适用于各类公共建筑、商业建筑及民用建筑。自动加压供水系统应用如图3-267～图3-269所示。

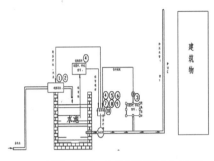

图3-267　自动加压供水示意图

图3-268　自动加压供水系统

图3-269　压力转换站

2）高层建筑施工用水管道加压改造及地下水利用的优化

高层建筑用水一般采用市政水加压供应，市政水加进水箱，再用水泵加压供给高层施工用水。高层施工用水使用及损耗都很大，单纯采用地下水补给，供水量满足不了使用量。利用市政供水并辅助地下水源补给，可节省市政用水量、降低设备扬程，节约用水。

在高层生产用水的始端增加两个接口供水箱补水及加压，并在相应的管路加设止回阀、闸阀等，水泵采用变频控制箱自动控制。自动变频装置根据压力变化对水泵进行变频启动，避免了工频启动大部分时间不必要的高速转动所带来的噪声污染，以及持续工频加压压力过高造成管道爆裂的危险，保证了管路的压力恒定，既满足生产供水需要，又增加了安全稳定性。变频水泵适用于普通高层民用建筑。加压原理图如图3-270、图3-271所示。

3）混凝土养护节水技术应用

混凝土养护节水技术是指混凝土成形后，养护应采用薄膜覆盖包裹、喷涂混凝

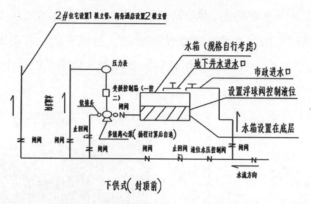

图3-270 加压原理图（主体施工阶段）

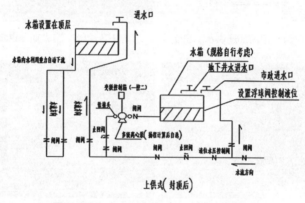

图3-271 加压原理图（主体封顶后阶段）

土养护剂、专用节水保湿养护膜、自动喷淋养护等节水工艺。

①薄膜覆盖包裹养护是指使用塑料薄膜、薄膜加麻袋、薄膜加草帘等材料紧贴成形混凝土裸露表面，搭接覆盖包裹完好，保持塑料薄膜内凝结水，达到养护节水的目的。覆盖包裹养护如图3-272所示。

图3-272 覆盖包裹养护

②混凝土养护剂是采用现代高科技制造的一种新型高分子制剂，是一种适应性非常广泛的液体成膜化合物。该产品为水性，无毒不燃，使用方便。利用特定功能有机高分子的快速凝胶化特点，短时间可附着在混凝土表面，具有双膜层特性，通过交联强化凝胶网络空间结构，提升保水保湿的功能。喷涂养护剂适用于不易洒水养护的异形或大面积混凝土结构。对楼板和框架柱的养护效果好，薄膜不透气、不透水，养护节约用水。养护剂养护如图3-273所示。

图3-273　养护剂养护

③专用节水保湿养护膜是以新型可控高分子材料为核心，塑料薄膜为载体，黏附复合而成。高分子材料可吸收自身重量200倍的水分，吸水膨胀后变成透明的晶状体，把液体水变为固态水，然后通过毛细管作用，源源不断地向养护面渗透，同时又不断吸收养护体在混凝土水化热过程中的蒸发水。养护薄膜能保证养护体相对湿度满足要求，有效抑制微裂缝，提高混凝土的早期强度，缩短养护周期，保证工程质量，有效降低用水量。养护薄膜能把混凝土表面敞露的部分覆盖起来，适用于大面积混凝土结构和立柱。混凝土薄膜养护如图3-274所示。

图3-274　混凝土薄膜养护

④自动喷淋养护是根据混凝土表面实时温度和相对湿度控制喷雾装置对混凝土墙面进行喷雾养护。该方式自动化程度高，安装简便，节约用水效果显著。自动喷淋养护可解决外墙混凝土养护范围大、养护时间长、墙身上存不住水等难点，

减少了用水量。自动喷淋养护适用于大面积立墙混凝土养护。自动喷雾养护如图3-275所示。

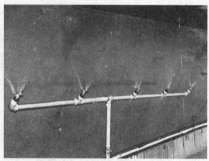

图3-275　自动喷雾养护效果图

4）砌体喷淋湿水技术应用

砌体加工区及砌体堆放场地的喷淋系统是根据每堆砌体的位置及场地进行布置喷淋管，保证横管两面都能喷淋浇砖。喷淋的钢管材料与主干道上的一致，在喷淋场地坡度最低处设置一个沉淀池，浇砖后的水可进行再利用。

砌体喷淋湿水技术适用于施工现场大面积使用砌体材料且施工周期短的工程部位，确保砌体在砌筑时的湿度。保证施工质量。在砌体堆场采用喷淋装置浇水，比传统的人工用水管浇水喷洒覆盖面更大，质量更易保证，能有效节约用水。砌体喷淋湿水如图3-276所示。

图3-276　砌体喷淋湿水

5）洗车池循环用水装置应用

洗车池循环用水装置是将洗车时用的水经过沉淀池分级过滤完后再重复利用的过程。在洗车池附近设置循环水池，循环水池三级沉淀，运用高差排水，控制好标高，与市政污水管网接驳。过滤完的水可用作洗车用水的水源，经循环沉淀多余的水自然排到市政管网，可节约水资源。洗车池循环用水装置应用如图3-277、图3-278所示。

图3-277　自动洗车槽三级沉淀池示意图　　　图3-278　洗车池循环用水装置

（2）生活用水

1）供水循环控制系统技术应用

供水循环控制系统技术是通过水泵房变频控制柜对生活水泵和消防水泵参数进行设置，对施工现场的水表的计量数据进行实时监测、采集至中控室进行存储，对能源使用的异常情况进行预警、检查和排除的技术。通过对阈值设定，对水泵系统装置开启进行控制，及时发现隐患进行故障预警，对用水进行梯级管理，达到节水的效果。供水循环控制系统如图3-279、图3-280所示。

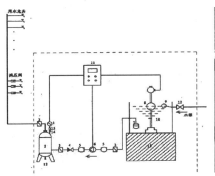
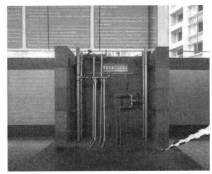

图3-279　供水循环控制系统示意图　　　图3-280　供水循环控制系统实图

2）微电脑感应用水控制技术应用

微电脑感应用水控制技术是以微电脑定时器为装置中心，安装在用水管路上，可定时感应控制用水量的技术。根据需求任意设定时间段自动按时冲水，具有走时准确、操作方便等特点。配合安装使用红外传感器对现场来人进行自动探测，微电脑接收信号后发出指令，控制电磁阀自动往水箱里注水进行冲洗。浴室中管道安装洗澡计时控水器，用卡控制阀门开关，将卡放在感应区自动出水，拿开自动断水，控制用水时间，减少用水量。微电脑感应用水控制技术应用如图3-281、图3-282所示。

图3-281 感应用水控制系统　　　　　图3-282 浴室感应用水控制系统

3.3.3 水资源利用

（1）地下水使用和保护

1）地下水使用和保护的管理

对场地及周围的地下水及自然水体的水质、水量进行保护，减少施工活动负面影响。从事地表水位以下的挖土作业时，进行降排水的设计；基坑降排水采用动态管理技术，减少地下水的开采。注浆施工前，应当对地下地质情况进行细致的考察，尤其对地下水源情况，编制详细的施工方案，制定防止污染水源的措施。施工现场使用带水作业工艺时，应及时处理废水，防止渗入地下，污染地下水。

2）地下水使用和保护的措施和方法

①基坑降水利用技术应用

基坑降水是指施工前经过钻探勘察后发现地下水位埋深较浅，直接影响到基坑的开挖稳定和后续施工，在基坑周围或在基坑内设置排水井，以降低地下水水位，减少地下水在基础施工过程中对基坑带来的影响。基坑开挖必须在无水条件下进行，降水方式分为坑内、坑外降水两种，分别为：

a.坑外降水：若基坑周围无沉降控制管线，建筑基础采用坑外降水能降低主动区土压力。

b.坑内降水：在不允许坑外降水的情况下采用止水帷幕做坑内降水。

基坑降水利用技术是指对基坑降水系统抽取的地下水有效用于施工生产过程中，通过与现场临时用水系统、消防系统有机结合，施工养护、生产、冲洗、消防、绿化等用水均以降水系统回收的水为主，市政管网供水为辅的施工供水技术。基坑降水利用技术提高了水资源利用率，减少水资源浪费，增强了节水意识。基坑降水利用技术适用于所有工业与民用建筑工程的基坑降水工程。基坑降水利用技术应用如图3-283～图3-285所示。

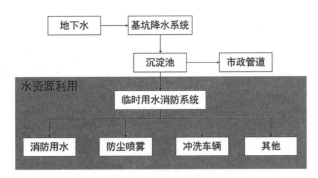

图3-283 基坑降水利用技术示意图

图3-284 基坑降水收集 　　　　　图3-285 基坑降水利用

②地下水回灌技术应用

地下水回灌技术主要通过井点回灌方法,将井点降水抽出地下水通过回灌井点再灌入地基土层内,水从井点周围土层渗透,在土层中形成一个和降水井点相反的倒转降落漏斗,使降水井点的影响半径不超过回灌井点的范围。这样,回灌井点就以一道隔水帷幕,阻止回灌井点外侧的建筑物下的地下水流失,使地下水位基本保持不变,土层压力仍处于原始平衡状态,从而有效地防止降水井点对周围建筑物的影响。地下水回灌可以减少水资源的浪费,保护地下水资源,防止地面沉降。适用于深基坑施工,周边建筑物较多的桥梁基础工程。地下水回灌如图3-286、图3-287所示。

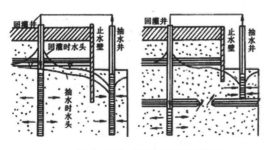

图3-286 地下水回灌示意图 　　　　图3-287 地下水回灌实图

（2）非传统水源利用

1）非传统水源的管理

根据工程实际情况，结合当地气候特征，优先选用非传统水源，如雨水、市政中水等。非传统水源经过处理和检验合格后，可作为施工和生活用水使用。非传统水源管道与市政用水管道严格区分并明确标识，防止误接、误用。储存并高效利用回收的雨水，宜建立雨水收集系统。制定合理的地表雨水径流管理计划，降低地表径流，减少雨水径流的流量和流速；通过采用可渗透的管材、路面材料等措施增加雨水径流的渗透量，使雨水能够回渗，保持水体循环。

2）非传统水源利用

①临时雨水回收利用系统

临时雨水收集系统是将雨水通过室外沉淀池收集、沉淀，引入至过滤池，经过过滤后再引入至雨水收集池的一整套系统。雨水收集系统利用正式集水坑、消防水池，仅安装架设少量可周转使用排水管道，安装临时加压水泵等，一次投入成本低，也减少了施工用水、消防用水费用的投入，取得了很大的经济效益。适用于大型市政道桥工程。雨水循环利用如图3-288～图3-291所示。

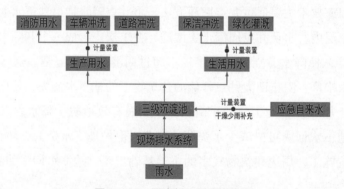

图3-288　雨水循环利用系统图

图3-289　雨水收集池

图3-290　雨水收集

图3-291　雨水利用

②永久雨水收集系统在施工中的应用

永久雨水收集系统，指雨水收集的整个过程，可分五大环节，即通过雨水收集管道收集雨水、弃流截污、PP雨水收集池储存雨水、过滤消毒、净化回用，主要由气流过滤系统、蓄水系统、净化系统组成。永久雨水收集系统是通过雨水弃流器控制，将初期浑浊雨水排放至市政污水管网，定时结束后阀门关闭，后续雨水进入PP雨水收集池，通过絮凝加药系统对水质进行二级处理，处理后的水再经提升泵提升至自清洗过滤器，出水经过加氯消毒，水质达到中水排放标准，从而对收集雨水进行回用的设备。

永久雨水收集系统收集设计中尽可能避免电气设备的使用，更多利用雨水自流的特点完成污染物的自动排放、净化、收集，做到真正节能、环保、高使用寿命、低成本。整套系统都由雨水控制器进行控制，完成收集、净化、供水、补水，安全保护等功能。雨水收集系统如图3-292～图3-294所示。

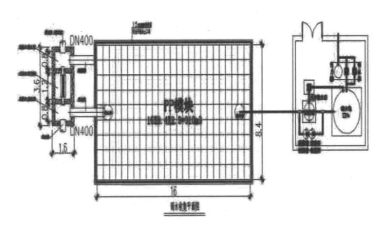

图3-292　雨水收集系统平面图

图3-293　PP模块施工

图3-294　雨水弃流器

③中水回收利用系统

中水回收利用系统如图3-295、图3-296所示。

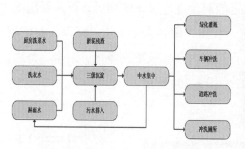

图3-295　中水回收示意图

图3-296　中水回用设备

3.4 节能与能源利用措施及实施重点

节能与能源利用要点包括：建立节能和能源利用管理制度，制定施工能耗指标，明确节能措施；优先使用国家、行业推荐的节能、高效、环保的施工设备和机具，选用变频技术的节能施工设备等；合理布置临时用电线路，选用节能器具，采用声控、光控和节能灯具；建立施工机械设备档案和管理制度，机械设备应定期保养维修；合理安排施工顺序及施工区域，减少作业区机械设备数量，充分利用设备资源共享；根据当地气候和自然资源条件，宜利用太阳能、地热能、风能等可再生能源。本章从节能管理、节能措施及方法、可再生能源利用等方面进行介绍。

3.4.1 节能管理

（1）现场用电管理

制定施工用电管理制度，设定生产、生活、办公和施工设备的用电控制指标，定期进行计量、核算、对比分析，并有预防与纠正措施。施工现场的生产区、生活区、办公区用电单独计量，建立台账。加强现场人员节电教育，做到人走灯灭，杜绝长明灯现象，节约用电。采用节能型灯具和光控开关设置，临时用电设备宜采用自动控制装置。规定合理的温、湿度标准和使用时间，提高空调的运行效率，运行期间关闭门窗。作业过程加强对供电线路、配电系统的检查、维护，及时消除系统存在的各种隐患，防止用电量过载，避免发生短路起火等安全事故。现场用电设施应及时断电，避免无功空转，施工现场宜错峰用电。使用电焊机二次降压保护器，提高安全性能，降低电能消耗。

（2）现场燃料管理

制定现场燃料管理制度，设定燃料控制指标，定期进行计量、核算、对比分析，并有预防与纠正措施。定期将实际单位耗油量与额定油耗进行比较、分析、评价，建立台账，采取措施降低油耗。机械设备宜使用节能装置、节能型油料添加剂、优质燃料，减少油料消耗和废气排放。按期对用油车辆、设备进行维护和保养，提高设备完好率、利用率，对修理替换下来的废机油要综合利用。施工现场宜使用清洁能源，降低煤和木质燃料的利用。

3.4.2 节能措施及方法

（1）现场用电、

1）生活区36V低压电源技术应用

36V低压照明是为了保障生活区人员生命财产安全，有效控制大功率用电器的使用，减少宿舍内乱拉乱扯现象，降低生活区发生火灾的概率，运用变压设备将380V高压电依次降低为220V、36V后供给生活区人员满足日常照明。适用于采用板房的生活区。强弱电控制开关如图3-297所示，低压（36V）变压器如图3-298所示。

图3-297　强弱电控制开关　　　　　　图3-298　低压（36V）变压器

2）建筑施工中楼梯间及地下室临电照明的节电控制装置应用

在建筑施工中，无自然采光的楼梯间及地下室，以及夜间施工时必须安装施工照明装置。临电照明设施安装好后，在临电控制线路中设置大功率远距离遥控开关、时控开关及交流接触器。通过多路遥控开关、时控开关控制交流接触器触头断开、闭合，实现了对临电照明电路的自动控制。临时照明节点控制装置解决用电浪费的问题，从而达到绿色环保、节约电能的目的。同时也提高了人性化管理水平，进行遥控操作，在办公区就能进行远距离控制。并且临时照明节点控制装置可周转使用，分摊投入成本，适用于各类建筑工程的地下、楼梯间等处施工临时照明和生活照明设备。配电箱应用如图3-299、图3-300所示。

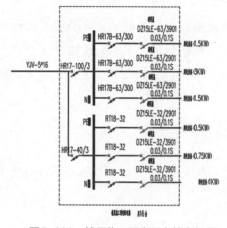

图3-299　楼层施工用电配电箱电气图　　　　图3-300　施工用配电箱实图

3）施工现场LED照明技术应用

一般施工现场照明均采用普通灯照明，其发光原理是由电能转化为内能，使得灯丝温度升高，温度达到一定的温度才能发出可见光，照明耗电量大。LED灯是一种能够将电能转化为可见光的固态半导体器件，它可以直接把电能转化为光能，LED照明技术中使用声光控制延时开关和时间控制开关，科学、人性化地实现灯具的开启和关闭，更节能，同时可有效缩短灯具使用时间，提高使用寿命，减少维护成本。具有体积小、高亮度、低热量、抗震能力强、低电压驱动、环保等优点。

但是LED灯功率、光量和投射距离有限，不适用于远距离照明；分辨率低，不推荐在机械加工区域使用。适用于施工现场办公区、道路、工人生活区等需要长期照明的区域照明，LED照明应用如图3-301～图3-305所示。

图3-301　起重机LED灯照明

图3-302　现场LED路灯照明

图3-303　地下室LED灯照明

图3-304　施工通道LED灯照明

图3-305　办公区LED灯照明

4）定时控制技术应用

定时控制技术是指在开关箱内增加时钟控制器和接触器，通过回路连接可定时控制开关。这种方法既可手动调节控制，也可设置自动控制，同时可设置多个时钟段来控制开关，操作灵活方便。定时控制技术既节省了电能，又可周转使用，降低了成本。定时控制技术适用于现场的加工场、围挡及生活区临时照明等，也适用于水泵、空调机、开水器、卫生间冲水器等动力设备的定时控制。时钟自动控制器如图3-306所示。

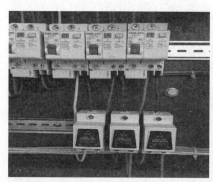

图3-306 时钟自动控制器

5）限电器在临电中的应用

限量用电控制器又名智能负载识别器、宿舍限电器（以下简称限电器）。它是由超负荷检测电路、延时检测电路、报警发声电路及桥式整流稳压电路组成的。限电器接线示意如图3-307所示。

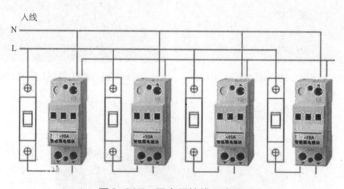

图3-307 限电器接线示意图

与传统漏电断路器相比，限电器的应用能有效防止使用大功率危险用电设备及用电不规范而导致的火灾等重大事故的发生；限电器还有效地解决用电浪费的问题，降低用电总量。限电器适用于临时办公区和生活区的临时用电，如图3-308～图3-310所示。

图3-308　限量用电控制器

图3-309　配电箱内配线

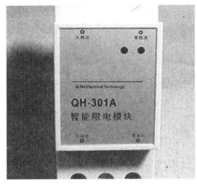

图3-310　限量用电控制器

6）节电器在施工用电中的应用

节电器的原理是采用高压滤波和能量吸收技术，自动吸收高压动力设备反向电势的能量，并不断回馈返还给负载。一方面，节省用电设备从高压电网上吸取的这部分电能；另一方面，可以抑制和减少供电线路中的冲击电流、瞬变及高次谐波的产生，净化电源、提高高压电网的供电品质，大幅降低线路损耗及动力设备的铜损和铁损，提高高压用电设备的使用寿命和做功效率，在使用过程中既节省了电能又可大幅降低设备运营成本。

节电器一般分为照明灯具类节电器和各动力类节电器，节电器的种类有照明节电器、箱式节电器、空调节电器、电机节电器。适用于施工用电量大、大型机电设备多、工程工期较长的项目。电机节电器如图3-311所示。

7）无功功率补偿装置应用

无功功率补偿，是一种在电力供电系统中起提高电网的功率因数的作用，降低供电变压器及输送线路的损耗，提高供电效率，改善供电环境的技术。所以无功功率补偿装置在电力供电系统中处在一个不可缺少的非常重要的位置。合理地选择

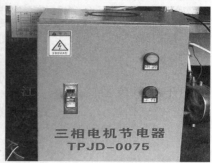

图3-311　电机节电器

补偿装置,可以做到最大限度地减少电网的损耗,使这种方法补偿效果好,安装简单,运行维护方便。反之,如选择或使用不当,可能造成供电系统,电压波动,谐波增大等诸多因素。

常用的无功补偿方式包括:

①集中补偿:在高低压配电线路中安装并联电容器组;

②分组补偿:在配电变压器低压侧和配电屏安装并联补偿电容器;

③单台电动机就地补偿:在单台电动机处安装并联电容器等。

通过无功补偿可以提高功率因数,可以改善电压质量,降低输电线路的电流,减少输电线路发热,减少电能损失,达到节能目的。无功功率补偿适用于现场施工设备多、设备功率大、周期长的各类大型工程。无功功率补偿控制器如图3-312所示。

图3-312　无功功率补偿控制器

8)变频技术在施工现场的应用

变频技术是通过变频器改变电机工作电源频率方式来控制交流电动机的电力控制设备。变频器目前广泛应用于起重机、升降机、水泵等各种大型建筑机械设备控制领域,它可减少设备的冲击和噪声,延长设备的使用寿命。传统起重机、升降机、水泵等设备采用挡板和阀门进行流量调节,电动机转速基本不变,耗电功率变化不大;

采用变频调速控制后，使机械系统简化，操作和控制更加方便，且转速降低，节能效果非常明显，从而提高了整个设备的功能。变频技术应用如图3-313～图3-318所示。

图3-313 变频起重机

图3-314 起重机变频器

图3-315 变频施工升降机

图3-316 升降机变频器

图3-317 变频加压供水设备

图3-318 供水变频器

9）智能自控电锅炉系统应用

目前，工人宿舍冬季取暖设施使用的是电暖气和空调，带来了极大的安全隐患，保温效果差。采用智能自控电锅炉系统以清洁的电力为能源，以水为导热介质，运用水电分离技术，将电能高效地转化为热能，具有无污染、无噪声、节能、环保、安全、卫生等优势，并且可以设定温度和时间，且为间歇性加热，一定程度上节约了电能。安全性能方面，设有防漏电、防高温、防干烧、水位监测、防冻等全自动保护装置，增加了产品的安全性和稳定性。适用于生活办公场所的供暖。智能自控电锅炉如图3-319所示。

图3-319　智能自控电锅炉

10）漂浮式施工用水电加热装置应用

漂浮式施工用水电加热装置是一种安全、环保的施工用水加热设备，可自行制作，用来取代传统的施工用水加热方式，可提高效率并节约能源。漂浮式施工用水电加热装置由浮球、加热管、支架三部分组成，能浮于水面上。注水、出水时液面变化，该装置可随着水面上下变动，可防止因液面下降造成加热管裸露出水面而烧毁；支架比加热管长，可以防止水位比较浅时加热管触底烧毁。漂浮式施工用水电加热装置适用于施工现场混凝土搅拌站用水以及其他冬季施工需要进行水加热的场所。

（2）现场燃料

1）醇基燃料替代钢瓶液化气应用

醇基燃料就是以醇类（如甲醇、乙醇、丁醇等）物质为主体配置的燃料，以液体或者固体形式存在。它也是一种生物质能，和核能、太阳能、风能一样，是各国政府大力推广的环保洁净能源。面对化石能源的枯竭，醇基燃料是最有潜力的新型替代能源。醇基燃料生产易得，将来可以像酿酒一样获得。

生物醇油是以醇基燃料为基础新开发的一种环保生物燃料，在常温常压下储存、运输、使用，无须高压钢瓶存储，只用普通金属或塑料容器就可以存储。传统工地食堂常用液化气作为火能源燃料，易燃易爆，采用醇基燃料，消除了食堂的重大危险源，同时达到了节能环保的要求。适用于工业与民用建筑宿舍的供暖锅炉及食堂的灶具等燃料。醇基燃料应用如图3-320～图3-323所示。

2）两栖清淤船的应用

两栖清淤船是一种能耗少、效率高的机械设备，该机械可以通过快速连接器来连接诸如小型挖掘机等工具，替代了传统的清淤方式，减少燃料的使用，同时

图3-320 醇基燃料使用

图3-321 醇基燃料储存

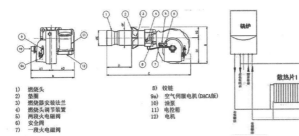

1）燃烧头
2）垫圈
3）燃烧器安装法兰
4）燃烧头调节装置
5）两段火电磁阀
6）安全阀
7）一段火电磁阀
8）铰链
9a）空气伺服电机（DACA版）
10）油泵
11）电控箱
12）电机

图3-322 醇基锅炉示意图

图3-323 醇基锅炉图

可以使用一个强大的双螺旋推进器在水中提供额外推进。该机器质量很轻，在水中阻力很小，因此，双螺旋推进器的推进力非常强，可高效率完成工作，常用于清除河湖沉积物、杂草等，适用于城市水环境治理河道淤泥清理。两栖清淤船如图3-324所示。

3.4.3 可再生能源利用

（1）太阳能

太阳能是指太阳以电磁辐射形式向宇宙空间发射的能量。可将太阳能直接利用或转换为其他形式的能源加以利用。前者如太阳能热水器，后者如太阳能电站。

图3-324　两栖清淤船

1）太阳能光热利用与光热转换（光热利用）

①光导管照明施工技术应用

光导管照明又叫日光照明、自然光照明、管道天窗照明、无电照明等。系统通过采集太阳光的光导管照明系统能够把白天的太阳光有效地传递到室内阴暗的房间或者不适宜采用电光源的易燃易爆房间，可以有效地减少电能消耗，具备节能、环保、健康、使用寿命长等一系列优点。

目前光导管照明仅在少数企业和一些特殊建筑中有所应用，但是作为一种具有巨大发展潜力的绿色照明技术，光导管的应用有着良好的市场前景。将光导管技术与光纤照明系统、太阳能光伏系统、电力系统等相结合，进一步拓宽其应用范围，是光导管技术发展的必然趋势。

光导管照明系统无须电源，采用自然光照明，节省日间电力照明费用。系统导入的光线为自然光，不会产生炫光和频闪，从而避免了产生"灯光疲劳综合症"的问题。产品安装后无须维护，使用寿命一般为25年以上，材料可回收利用。

光导管照明技术作为一种绿色照明技术正渐渐应用于工业厂房、学校、地下空间、体育场馆、展览馆、动物园、办公场所、别墅等建筑。光导管照明技术应用如图3-325～图3-327所示。

②太阳能生活热水系统应用（光热转换）

太阳能生活热水系统是利用集热器收集太阳能热量，经过与热媒介质的换热过程将水加热，提供生活热水。系统组成一般包括集热器、贮水箱、辅助热源、连接管道、支架、控制系统等，其中集热器和辅助热源的选型对系统的性能影响最为直接。目前，真空管太阳热水器是太阳能热利用技术中最成熟，经济效益最显著的产品；辅助热源需要从供热量、布置和经济性角度进行分析，根据实际情况可选用

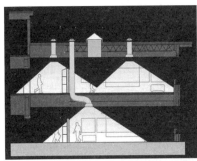
图3-325 光导管照明系统示意图

图3-326 光导管照明

图3-327 光导管照明应用

燃气炉、电加热炉、热泵等。

太阳能生活热水系统有分户式热水系统和集中式热水系统等。将太阳能热水系统与临时建筑结合，同步施工安装。适用于临时办公区和生活区的热水供应。太阳能生活热水系统如图3-328～图3-330所示。

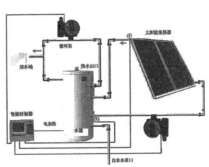
图3-328 太阳能生活热水系统

图3-329 集热器

2）太阳能发电利用

①太阳能路灯应用

太阳能路灯是利用太阳能电池板，白天接受太阳辐射能并转化为电能经过充放

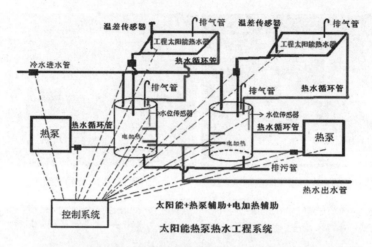

温差传感器　　　排气管　温差传感器　　排气管
工程太阳能热水器　　　　　工程太阳能热水器
冷水进水管　　　　　　　　热水循环管　　　　　热水循环管
　　　　　　　　　　排气管　　　　排气管
　　　　　　　　水位传感器　　水位传感器
热水循环管　　　　　　　　　　热水循环管
热泵　热水循环管　电加热　　电加热　　　　热泵
　　　　　　　　　　　　　排污管
　　　　　　　　　　　　热水出水管
控制系统　　太阳能+热泵辅助+电加热辅助
　　　　　太阳能热泵热水工程系统

图3-330　太阳能热泵系统工作原理图

电控制器储存在蓄电池中，夜晚当照度逐渐降低，充放电控制器侦测到照度降低到特定值后蓄电池对灯头放电。

太阳能路灯采用大功率的LED芯片发光，LED芯片是高性能的半导体材料，具有发光效率高、不消耗常规电能等特点。太阳能路灯节约成本效果明显，且因其一次性投入，安装数量越多，持续时间越长，其经济效果越显著。使用太阳能时不会污染环境，不会排放出任何对环境不良影响的物质，是一种清洁的能源。太阳能路灯适用于各类工程夜间道路照明及生活区照明。太阳能路灯如图3-331所示。

图3-331　太阳能路灯

② 太阳能光伏发电应用

太阳能光伏发电是利用光伏电池将太阳能直接转换为电能的过程。基本原理为光生伏特效应，是指半导体在受到光照射时产生光生电动势的现象。光伏发电技术可将转化的电能进行存储，作为项目办公、生活用电，具有安全可靠、无噪声、无污染、获取能源短、一次投入、维护成本小等特点。太阳能光伏发电适用于光照资源丰富的地区。太阳能光伏发电如图3-332～图3-334所示。

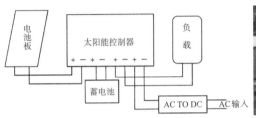

图3-332　太阳能光伏发电系统原理图　　图3-333　太阳能光伏发电实施
效果图

图3-334　太阳能光伏发电实施效果图

（2）地热能和地温能

地热能是地球地表内的岩石、热水和蒸汽中的可用热能，这种能量来自地球内部的熔岩，并以热力形式存在，应用于制热、供暖、烘干等多个领域。地温能又叫浅层地热能，地温能源是指温度在25℃以下，蕴藏在浅层地表层的土壤、岩石、水源中的可再生能源。地温能是相对于地热资源而言的能源概念，二者均属地热能范畴，其区别在于：前者是对浅层低温（＜25℃）地热能的定义，后者是对深层高温（≥25℃）地热能的定义。

地源热泵供暖空调系统是指陆地浅层地热资源通过输入少量的高品位能源实现由低品位热能向高品位热能转移的装置。（能源品味是指能源所含有用成分的百分率。有用成分百分率越高则品位越高。如水力可直接转变成机械能或电，中间环节少，转换效率高，其品位就高；化石燃料需先经热转换再转换成机械能或电能，中间环节多，转换效率低，其品位则低。）地源热泵供暖空调系统主要分三部分：室外地源换热系统、地源热泵主机系统和室内末端系统。地源热泵供暖空调系统的运行不消耗水也不污染水，可以建造在居民区内，没有燃烧，没有排烟，也没有废弃物，不需要堆放燃料废物的场地，且不用远距离输送热量。地源热泵供暖空调系统一机多用，应用范围广，可供暖、制冷，还可供生活热水；维护简单，费用低，可无人值守，寿命长。地源热泵供暖空调系统适用于临时办公区和生活区的供暖制冷，适用于施工工期较长的大型工程中。

（3）空气能

空气能是指空气中所蕴含的低品位热能量，又称空气源。空气中的热量可以通过空气能热泵吸收热量并传到高温物体或环境，应用于制热、供暖、烘干等多个领域。

如空气能热泵加热系统应用。空气能热泵是利用空气中的能量来产生热能，能全天24小时大水量、高水压、恒温提供临时办公区和生活区不同热水、冷暖需求，同时又能以消耗最少的能源完成上述要求。空气能热泵是按照"逆卡诺"循环原理工作的。通过压缩机系统运转工作，吸收空气中热量制造热水。具体过程是：压缩机将冷媒压缩，压缩后温度升高的冷媒，经过水箱中的冷凝器制造热水，热交换后的冷媒回到压缩机进行下一循环，在这一过程中，空气热量通过蒸发器被吸收导入冷媒中，冷媒再导入水中，产生热水。空气能热水器不需要阳光，室外温度在零摄氏度以上，就可承压运行，具有高安全、高节能、寿命长、不排放有害气体等诸多优点。适用于临时办公区和生活区的热水供应。空气能热泵如图3-335所示。

图3-335 空气能热泵

3.5 节地与土地资源保护措施及实施重点

3.5.1 节地管理

项目管理部门应根据施工规模及现场条件等因素合理确定临时设施，如临时加工厂、现场作业棚及材料堆场、办公生活设施等的占地指标，临时设施的占地面积应按用地指标所需的最低面积设计，且占地面积有效利用率大于90%。施工总平面图要求布置合理、紧凑，在满足环境、职业健康与安全及文明施工要求的前提下尽可能减少废弃地和死角，充分利用原有建筑物、构筑物、道路、管线为施工服务，施工平面动态布置如图3-336所示。

图3-336　施工平面动态布置

临时办公和生活用房应优先利用既有建筑物和既有设施。施工现场搅拌站、仓库、加工厂、作业棚、材料堆场等布置应尽量靠近已有交通线路或即将修建的正式或临时交通线路，缩短运输距离。建筑材料应集中堆放，如图3-337所示。

图3-337　材料集中堆放

3.5.2 节地措施及方法

（1）临时设施可移动化节地技术应用

施工现场内的临时设施，如生活和办公用房、空压机房、茶水棚、集水箱、材料库、食堂和厕所等，可利用移动化节地技术，购买成品拼集装箱，在短时间内组装及拆卸，减少长期占地时间，场内可周转移动。

以展示样板为例，移动式非实体样板由方钢、钢板、滑轮等构件组成，能够起到灵活移动的作用，可以随着工程施工进展及现场平面部署灵活安放，从而减少资源浪费，节省占地面积。临时设施可移动化节地技术适用于所有项目。移动样板如图3-338所示。

图3-338　移动样板

（2）钢材工厂化加工节地技术应用

建筑工程施工场地狭小已成为最普遍的问题，钢材加工厂布置缺少施工场地可通过钢材工厂化加工配送的方式解决。钢材专业化加工主要由经过专门设计、配置的钢材专用加工机械完成，可套裁钢材，提高材料的利用率。使用高效率的数控钢材加工设备，生产效率高，加工成本低，加工精度高。

工厂化加工的优越性在于既不受天气影响，也不受土建和设备安装条件的限制。现场条件具备时，将加工好的钢材集中加工配送。工厂化加工钢材，在施工时可减少高空作业和高空作业辅助设施的架设，节约施工用地，缩短施工周期，保证施工质量和安全。钢材专业化加工技术适用工业与民用建筑工程的钢筋制作、管道安装。工厂化加工应用如图3-339、图3-340所示。

（3）预留楼板设置料具堆场应用

对于场地狭小的项目，可将地下室底板或进行加固后的顶板作为周转材料的临时堆放场地；对于项目单层面积很大的，实行分段流水作业，让一部分结构作为

图3-339　工厂化加工车间

图3-340　管道的集中加工

另一部分结构施工时的周转材料的堆放场地，轮换施工。

项目根据起重机方位和自身楼层板特点，经过计算，采用碗扣式脚手架和扣件式钢管架共同加密加固，错位布设。选取预留部位作为料具堆场，堆场区域楼板强度达到设计强度后方可开始堆料，堆放材料不可超过对应区域的荷载限值。堆场内预留土建吊装孔，临边搭设安全防护，挂设密目网。堆场边界涂刷醒目油漆，设置标识牌，安排专人管理。堆场区域脚手架在堆场停止使用后方可拆除，拆除前需清除堆场内所有材料。

预留楼板设置料具堆场应用节约了堆料用地，提高了空间利用率；合理选取预留区域，近塔设置，方便物料转运；施工区与料具堆场进行转化，方便施工，节约成本。预留后浇楼板内预留料具堆场如图3-341所示。

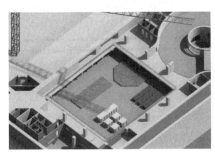

图3-341　预留后浇楼板内预留料具堆场

（4）非开挖埋管技术应用

非开挖是指通过导向、定向钻进等手段，在地表极小部分开挖的情况下（入口和出口小面积开挖），敷设、更换和修复各种地下管线的施工技术。非开挖埋管技术能有效解决城市管线施工中拆迁或不能大面积开挖的难题，对地表和周边环境干扰小。非开挖埋管技术主要采用顶管铺管技术、夯管铺管技术和定向钻铺管技术。

顶管铺管技术是继盾构施工之后而发展起来的一种地下管道施工方法，它不需要开挖面层，并且能够穿越建筑物、地下构筑物以及各种地下管线等。顶管施工借助于主顶油缸及管道间中继间等的推力，把工具管或掘进机从工作井内穿过土层一直推到接收井内吊起。与此同时，也就把紧随工具管或掘进机后的管道埋设在两井之间，以实现非开挖敷设地下管道。顶管铺管技术适用于直接在松软土层或富水松软地层中敷设中、小直径管道，如图3-342和图3-343所示。

图3-342 顶管施工

图3-343 顶管铺管技术

夯管铺管技术是一种用夯管锤将待铺的钢管沿设计路线直接夯入地层实现非开挖铺管的技术。夯管施工法仅限于钢管施工，一般使用无缝钢管，且壁厚要满足一定要求，管径范围为200～2000mm，铺设长度一般在80m以内。锤击力应根据管径、钢管力学性能、管道长度、水文地质条件和周边环境确定，适用于黏土、粉沙土、泥流层、一般风化岩、含少量砾石地层等。

定向钻铺管技术是按预先设定的地下铺管轨迹靠钻头挤压形成一个小口径先导孔，随后在先导孔出口端的钻杆头部安装扩孔器回拉扩孔，当扩孔度至尺寸要求后，在扩孔器的后端连接旋转接头、拉管头和管线，回拉铺设地下管线。适用于黏土、粉沙土、泥流层、一般风化岩、含少量砾石地层等。

3.5.3 土地资源保护措施

施工前应对深基坑施工方案进行优化，减少土方开挖和回填量，最大限度地减少对土地的扰动，保护周边自然生态环境。红线外临时占地应尽量使用荒地、废地，土方开挖过程中取土或弃土不许占用农田，弃土可用于造田。工程完工后，及时对红线外占地恢复原地形、地貌，使施工活动对周边环境的影响降至最低。应充分利用和保护施工用地范围内原有绿色植被，对于施工周期较长的现场，可按建筑永久绿化的要求，安排场地新建绿化，施工现场绿化如图3-344所示。

图3-344　施工现场绿化

3.6 人力资源节约与保护措施及实施重点

3.6.1 人力资源节约管理

在施工前，根据工程进度计划合理编制人员进场计划，合理安排工序。施工过程中，严格控制定员、劳动定额、出勤率、加班加点问题，及时发现和解决人员安排不合理、派工不恰当、时紧时松、窝工停工等问题。宜采用信息化技术和人工智能技术提高人员管理效率。

3.6.2 人力资源保护管理

　　项目部建立以项目经理为第一责任人的人员安全健康管理制度，编制并实施施工人员安全健康管理方案，组织施工人员职业安全、健康的教育和培训活动，定期统一组织员工体检，建立员工医疗档案，如图3-345所示。

　　施工现场要严格执行国家和当地政府发布的卫生防疫和食品安全相关管理规定。施工作业区和生活办公区应划分严格、分开布置，以保护施工人员在生产过程中的安全和健康。项目管理部门需提前制定职业健康安全应急预案，建筑工地周边两公里范围内无医院、社康中心等医疗机构的，宜设置医务室，配备简单医疗器械和常见伤病治疗药物，如图3-346所示。

图3-345　施工人员定期体检　　　　　　图3-346　现场医务室

　　确保工地食堂食品安全，保障现场工作人员身体健康，建立食堂管理制度，炊事人员需定期开展身体健康检查与卫生知识学习，做好食堂内外环境卫生，做到每餐一打扫，每天一清洗，并采取灭蝇防范其他有害生物措施，食堂管理如图3-347所示。

图3-347　食堂管理

生活区的宿舍人均面积不得小于2.5m²，每间宿舍居住人员不得超过16人。设置可开启式的外窗。生活区设置满足人员使用的盥洗设备，器具清洁，卫生设施、排水沟及阴暗潮湿地带应定期消毒，厕所保持清洁，化粪池定期清掏。建立合理的休息、休假、加班等管理制度，减少夜间、雨天、严寒、高温天作业时间。夏季高温季节施工时，严格控制加班时间，宿舍内配备降温设备，设置沐浴间，现场供应防暑饮料，并备有防暑降温急救药品，做到劳逸结合。防暑降温急救品如图3-348所示。

图3-348 防暑降温急救品

根据工程实际情况制定培训计划并编制培训课程，及时对员工，尤其是参与高危险性工作的员工进行安全和防护培训，培训内容包括但不限于工地安全知识及职业健康知识，并进行考核。安全、职业健康培训如图3-349所示。

制定施工防尘、防毒、防辐射等职业危害的举措，保障施工人员的长久职业健康，为员工提供个人防护装备，质量要符合国家标准，施工作业防护用品如图3-350所示。新工人入场必须接受安全教育，考试合格后方可上岗作业；特别工种如电工、焊工、起重工、信号工、机械驾驶员、小型机械操作手需经过专业培训，考试合格获得操作证方准独立上岗。

图3-349 安全、职业健康培训　　　图3-350 施工作业防护用品

现场的危险位置、设备、有毒有害物质存放等处应设置醒目的安全标志，同时应有应急疏散、逃生标志、应急照明等应急措施；野外施工时应有防止高温、高寒、高湿、高盐、沙尘暴等恶劣气候条件及野生动植物伤害应急措施。应急演练如图3-351所示。

图3-351　应急演练

3.6.3　人力资源节约与保护的措施及方法

（1）管道机器人应用

管道机器人是一种可沿细小管道内部或外部自动行走、携带一种或多种传感器及操作机械，在工作人员的遥控操作或计算机自动控制下，进行一系列管道作业的机、电、仪一体化系统。

管道机器人具有以下优点：

1）安全性高。人工进入管道查明管道内部情况或排除管道隐患，往往存在较大的安全隐患，而且劳动强度高，不利于工人的健康。管道机器人可有效提高作业的安全性能。

2）节省人工。管道检测机器人小巧轻便，一个人即可完成作业。控制器可装载在车上节省人工，节省空间。

3）提高效率和品质。管道机器人智能作业定位准确可实时显示出日期时间、爬行器倾角、管道坡度、气压、爬行距离、激光测量结果、方位角度等信息，并可通过功能键设置这些信息的显示状态，镜头视角实时显示管道缺陷方位的定位信息。

4）防护等级高。摄像头防护等级IP68可用于5m水深，爬行器防护等级IP68可用于10m水深，均有气密保护材质防水、防锈、防腐蚀，无须担心质量问题。

5）适用于市政管线的检测。管道机器人应用如图3-352所示。

图3-352 管道机器人应用

（2）预拌砂浆机械抹灰应用

预拌砂浆机械抹灰是利用抹墙机替代传统人工，自动给墙面抹灰的技术，通过砂浆泵将预拌砂浆运送到抹墙机料斗内。该方法可抹墙面、门、窗、立柱及阴阳角，操作简单，效率高，实用性强。

预拌砂浆机械抹灰具有以下优点：

1）垂直度、平整度符合规范要求，墙面平亮光洁，工程质量好。

2）可随意调节砂浆流量和速度，缩短工期。

3）不需搭设操作平台，减轻了工人的劳动强度，提高了工作效率。

4）黏结力强、无落地灰，比人工省灰料20%左右。

预拌砂浆机械抹灰适用于工业与民用建筑工程大面积墙面抹灰施工。预拌砂浆机械抹灰如图3-353～图3-355所示。

图3-353 预拌砂浆机械抹灰

图3-354 机械抹灰示意图　　图3-355 预拌砂浆机械抹灰成品质量

（3）砌砖机器人应用

砌砖机器人由传送带、机器手臂和混凝土机器泵组成，内置智能芯片，可通过编程来更新机器的代码。工作前按一定距离放在需要砌筑的墙壁前，混凝土机器泵喷出水泥覆盖在砖块上，将带有水泥的砖块一层层砌筑起来，能够连续砌砖；还能通过三维计算机辅助设计计算房子的形状和结构，通过3D扫描精确计算出每一块砖的位置，同时还可以智能地为管道和电缆预留空间。

砌砖机器人砌筑速度是人工的3倍，一小时可以砌超过1000块砖，与传统水泥砌砖相比，速度更快，效率更高，适用于工业与民用建筑大面积的墙体砌筑。砌砖机器人应用如图3-356、图3-357所示。

图3-356　三维扫描自动识别砌筑

图3-357　机器人砌砖实例图

（4）电动运输车应用

电动运输车是以电能为驱动进行运输作业的车辆，主要包括电动水平运输车、电动叉车和电动可升降运输车。

电动运输车运输砌块时，将需要运输的砌块放在托盘上，用电动水平运输车或电动叉车运至施工电梯处，将砌块连同托盘一起直接卸至施工电梯内运至施工楼层后，再用电动水平运输车转至施工部位。电动水平运输车也可随施工电梯和需运输的砌块一起直接运至施工部位。砂浆或其他散料运输原理同砌块运输，将托盘换成砂浆罐等容器即可。

电动运输车操作省时省力，可降低因运输不当造成的材料损耗，与传统工地手推车相比，无噪声，易维护，费用低。电动运输车适用于工业与民用建筑现场材料及构配件的水平运输。电动运输车如图3-358～图3-360所示。

图3-358　电动水平运输车

图3-359　电动叉车水平运输

图3-360　楼层材料运输

（5）电动扫地车应用

电动扫地车是以电能为驱动进行清扫、吸尘作业的车辆，同时自带自动喷水降尘功能。它能够全面应用于清扫水泥地、沥青路面、毛石、水磨石、小方砖等路面，一小时可清扫8000m²，节约人力资源。电动扫地车适用于工业与民用建筑现场路面清理、房间保洁、地下室清扫等方面。扫地机器人如图3-361所示。

图3-361 扫地机器人

1. 施工现场环境保护措施都包含哪几个方面？
2. 绿色施工材料选用需遵循哪些原则？
3. 绿色施工现场材料管理需考虑哪些因素？
4. 简述绿色施工用水管理措施。
5. 画出基坑降水利用示意图。
6. 简述绿色施工节能与能源利用要点。
7. 施工现场节能措施都包含哪些方面？
8. 供施工利用的可再生能源都有哪几种？

第4章

绿色施工与新技术

导读：随着信息技术的发展，作为传统行业的代表，建筑业也迅速拥抱了互联网的浪潮，BIM技术、物联网、虚拟现实、数字孪生、大数据等新兴技术逐渐被建筑行业采纳应用，升级传统的建筑业生产方式，向智能化、绿色化方向发展，本章将对近年来应用于建筑行业的新兴技术开展介绍，重点介绍新技术在绿色施工领域的应用。

4.1 BIM技术

4.1.1 BIM技术概述

BIM（Building Information Modeling）技术是一种应用于工程设计、建造、管理的数据化工具，通过对建筑的数据化、信息化模型整合，在项目策划、设计、施工、运行和维护的全生命周期过程中进行共享和传递，其核心是通过建立虚拟的建筑工程三维模型，为模型提供完整的、与实际情况一致的建筑工程信息库，该信息库既包含描述建筑物构件的几何信息，比如建筑物构件的名称、材料、数量；也包含描述建筑物的状态信息，比如施工进度、施工成本等。

BIM可以使建设项目的所有参与方（政府主管部门、业主、设计、施工、监理、造价、运营、客户等）在项目从概念产生到完全拆除的完整生命周期内都能够依托三维建筑模型实现信息共享和协同操作，从而在根本上改变项目参与人员依靠文字、图纸开展项目建设和运营管理的工作方式，提高工作效率，减少沟通成本和工作失误。

应用BIM技术可实现施工方案模拟与优化、场地优化布置、管线综合排布、关键工艺模拟、信息化施工管理、建筑性能分析等功能，在减少返工量、提高生产效率、节约材料、节约土地、缩短工期和固体废弃物减量化方面发挥重要作用。

4.1.2 BIM技术在绿色施工中的应用

BIM技术应用于绿色施工有其详细的工作流程，其中还包括每个过程涉及的责任方、参考信息和输出资料等，如图4-1所示。

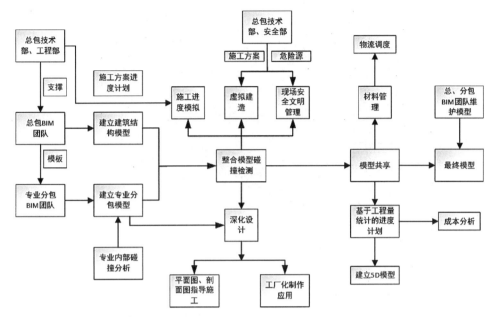

图4-1 BIM技术绿色施工应用流程（图片来源：见参考文献[5]）

BIM技术在绿色施工过程中的应用主要体现在以下几个方面：

（1）可视化与施工模拟

1）传统施工方案编制的方法大多在过去工程经验的基础上，遵循一定的行业规范，以文字形式形成书面文档，无法进行有效的实体验证，BIM技术可以对施工方案的可行性和措施的严谨性进行验证。

2）在施工阶段利用BIM技术对各分项工程进行可视化模拟仿真，检查各工序之间的重合和冲突部分，以便项目管理人员提前分析下道工序中所需要的资源和能源，尽可能避免可能造成的错误或者损失，减少材料、资金的浪费，拖延工期，比如BIM技术可以建立施工排砖三维数字模型，对地面墙面等铺装施工部位进行虚拟排砖，准确合理计算统计出所需的地砖或墙砖的材料用量和裁切方式，减少材料、成本的浪费。

3）对施工图深化设计进行三维可视化，比如密集钢筋绑扎节点。传统设计图只能用数字辅以剖面图来表示，但钢筋按规范要求需要的措施长度和具体安装方式无法表达，应用BIM技术可以直观且立体地表达出密集钢筋节点的钢筋排布方式，对施工可行性和矛盾点提前进行了模拟和预警，缩短工期，提高施工效率。BIM技术可以模拟钢结构节点部位立体详图，对钢结构安装进行三维模拟，避免钢结构节点构件加工出现偏差，减少材料、成本和工期多重浪费。钢筋深化节点如图4-2所示、复杂钢结构节点设计如图4-3所示。

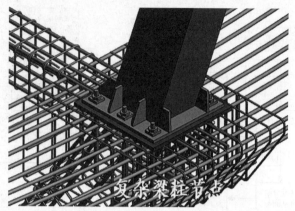

图4-2 钢筋深化节点   图4-3 复杂钢结构节点设计

（2）项目参与方有效协同

BIM技术改变了项目参与方信息交流方式。传统模式下，参与方的沟通以二维施工图纸为依据，由于参与各方对项目理解的差异，会造成大量无效交流，和对工程方案的无效变更，也会造成大量施工图纸被重复打印与浪费。利用BIM技术，项目各方的沟通交流基于云端BIM模型，所有信息数据实时共享，省去了大量无用、重复的信息交流，节省图纸。

（3）优化场地布置

传统的施工场地及生活区临设布置是通过CAD绘制二维施工图进行方案策划，空间立体效果不强，对整个区域规划方案的对比和优化不利。利用BIM技术，可将整个需要规划的区域绘制成三维的立体实物布置图形进行展示，能够在可视状态下对规划方案调整和优化，使场地布置对建筑的容纳空间达到最大化，并根据施工进度，按阶段规划布置场地设施，提高现场施工的便利程度，达到合理利用场内空间、节约土地的效果。BIM场地布置如图4-4所示。

图4-4 BIM场地布置

（4）碰撞检查

BIM技术可以将传统的平面管线综合图通过三维立体方式展现管线的布局和走向，提前预测交叉碰撞点，避免因管线更改或构件变更造成的材料浪费和工期拖延。管线综合应用如图4-5所示。

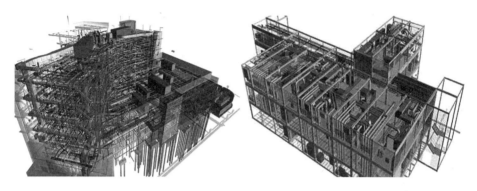

图4-5　管线综合排布

（5）进度管理

BIM技术可以将工程进度计划与建筑三维模型信息关联，并对处于关键路线的工程计划及其施工过程进行四维仿真模拟，对非关键路线的重要工作开展提前检查工作，以便项目管理团队对可能存在的影响因素做好防范措施。合理有效的分配建造活动中所需的各类资源，合理调度现场场地变更，保障施工进度正常推进，减少资源、资金、人员浪费。

（6）节约资源、能源

除了上述提到的节约工程材料，节约人员、资金的用途，BIM技术还能有效帮助工程施工节约水资源。运用BIM技术对现场各型号设备和各分部工程的施工用水量进行仿真演示，对其正常使用和损耗进行统计，确保对用水进行合理控制。

BIM技术还可帮助项目优化能源消耗。通过在项目三维模型中设置多种能源控制参数，在实际施工开展前对项目施工过程中的关键物理现象和功能现象进行数字化探索，有效帮助项目各参与方进行能源使用和优化性能分析，最大限度地降低能源损耗。

4.2 物联网技术

4.2.1 物联网技术概述

物联网（Internet of Things，简称IoT）是指通过各种信息传感设备，如传感器、射频识别（RFID）技术、全球定位系统、红外感应器、激光扫描器、气体感应器等各种装置与技术，实时采集任何需要监控、连接、互动的物体或过程，采集其声、光、热、电、力学、化学、生物、位置等各种需要的信息，与互联网结合形成的一个巨大网络。其目的是实现物与物、物与人，所有的物品与网络的连接，方便识别、管理和控制。

物联网网络架构由感知层、网络层和应用层组成，如图4-6所示。感知层实现对物理世界的智能感知识别、信息采集处理和自动控制并通过通信模块将物理实体连接到网络层和应用层。网络层主要实现信息的传递、路由和控制，包括延伸网、接入网和核心网，网络层可依托公众电信网和互联网，也可以依托行业专用通信网络。应用层包括应用基础设施/中间件和各种物联网应用。应用基础设施/中间件为物联网应用提供信息处理、计算等通用基础服务设施、能力及资源调用接口，以此为基础实现物联网在众多领域的各种应用。

物联网技术是在网络信息技术上发展起来的一种新型技术，其特点可以从三个层面理解：

（1）全面感知

物联网技术可利用RFID、传感器、二维码等实现对显示世界各种物理现象的全面感知，获取物体的实时信息，数据采集多点化、多维化、网络化。

（2）可靠传递

物联网内的实体可以通过互联网、电信网、电网、交通网等这种承载网络实现广泛互联，物体的信息可在物联网内被准确地传递。

（3）智能处理与决策

利用云计算、模糊识别等各种智能计算技术，物联网可对采集的海量数据和信息进行处理、分析和对物体实行智能化控制。由于具备数据实时采集、智能控制决策、与信息技术结合性高的技术优势，物联网技术在各行各业得到了广泛应用，包括工业、农业、环境、物流、交通等，有效地推动了基础设施领域的智能化建设以及街区和城市的智慧化建设；物联网技术也深入家居、医疗健康、旅游娱乐等服务行业，促进行业升级转型，改进服务质量，从而大大提高消费者的生活质量。在工程项目建设过程中，物联网可以在生产管理系统化、安全监控和自动报警、提高工程质量、节约和合理管理物料等方面发挥积极作用。

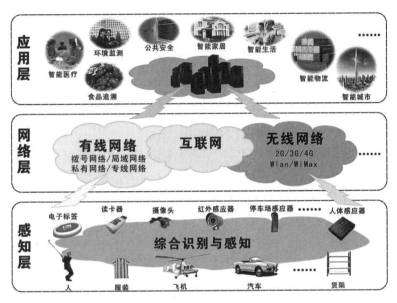

图4-6　物联网的架构，资料来源互联网

　　传感器技术是组建物联网的核心技术。传感器是能感受规定的被测量，并按照一定的规律转换成可用输出信号的器件或装置。根据国家标准《传感器通用术语》GB/T 7665—2005，传感器被定义为：能感受被测量并按照一定的规律转换成可用输出信号的器件或装置。传感器技术不仅能感受到被测量的信息，并且还能将感受到的信息，按一定规律变换成为电信号或其他所需形式的信息输出，以满足信息的传输、处理、控制等要求。

　　传感器是构建物联网感知层的重要环节，各类传感器的大规模部署和应用是构成物联网的基本条件。传感器是物联网中获得环境动态变化信息的唯一手段和途径，依靠传感器准确、可靠、实时地采集信息，对传感节点信息进行转化处理与传输，为物联网应用系统提供可供分析处理和应用的实时数据。在构建物联网之前，首先应在监测区域内部署大量微型传感器节点，从而组成无线传感网络。微型传感器节点通过无线通信方式形成一个自组织网络系统，能够协作感知、采集和处理网络覆盖区域中被感知对象的信息，并发送给观察者。

4.2.2 物联网在绿色施工中的应用

（1）施工环境监测系统

在绿色施工中，施工现场的环境监测是一项极为重要的工作，建设部发布的《绿色施工导则》中明确提出要大力发展现场监测技术、现场环境参数监测技术及加强信息技术应用，实现与提高绿色施工的各项指标。

传感器技术是施工现场环境监测系统中的核心。通过在现场布置噪声、扬尘、风速、污水等各类传感器，收集现场实时环境数据，处理后输送到环境监控平台中，供环境监测部门和管理人员分析决策。

施工环境监测系统一般由噪声实时监控系统、扬尘实时监控系统、视频叠加系统、数据采集/传输/处理系统、信息监控平台和客户终端等部分组成。该系统集数据采集、信号传输、后台数据处理、终端数据呈现等功能为一体，实现对施工现场环境质量的实时监测，系统架构如图4-7所示。

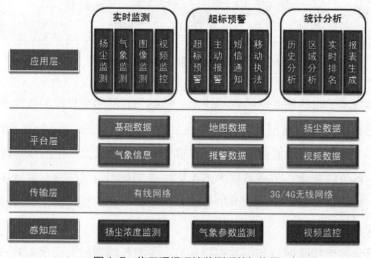

图4-7　施工现场环境监测系统架构图

噪声实时监控系统可提供全天候户外传声器单元，为传感器的户外监测安全和数据准确性提供可靠保障；扬尘实时监控系统可对施工现场扬尘进行连续自动监测，扬尘每分钟采集一次数据，并实时上传至服务器供后台程序统计和分析。扬尘监测包括PM10和PM2.5两个参数，并同时实时上传至数据中心和监控平台；数据采集、传输、处理系统可采集、存储各种监测数据，并按后台服务器指令定时向后台服务器传输监测数据和设备工作状态，并对所收取的监测数据进行判别、检查和存储；对采集的监测数据按照统计要求进行统计分析处理。信息监控平台可提供基于Web的管理系统，在线显示各前端污染源的实时扬尘和气象参数数据，实现对实时监测仪的参数调控，实现对历史监测数据的统计分析，实现在线数据下载、图像查询等功能。并具有污染物超标报警功能，权限管理功能，可向不同层面的管理者展示所需的信息。监测系统的客户终端一般支持采用智能移动平台（如智能手机、平板电脑）、桌面PC机、网络电视等各种能接入公网的设备，管理人员通过终端实时监测施工现场各项环境指标，当环境指标超出规定时，可立即做出决策进行整改。

（2）污水排放监测系统

污水排放监测系统，也是传感器技术的在绿色施工领域的重要应用，该系统可对施工现场污水排放量，排水水质进行实时监控。其原理是：在工地各个污水排放口的流量网口设置输出传感器、数据处理器和显示屏，输出传感器上可设定位系统；数据处理器包括数据接收模块和数据发射模块，数据接收模块能自动识别污水排放口的输出传感器的编号并接收其感应的数据；系统显示屏与数据发射模块通过无线连接，用于显示各个污水排放口的污水排放量，以及接收所述处理器的故障反馈信息并显示；并且数据处理器通过有线或无线与智慧工地管控平台的服务器连接，受PC端和手机APP的远程监控，如图4-8所示。

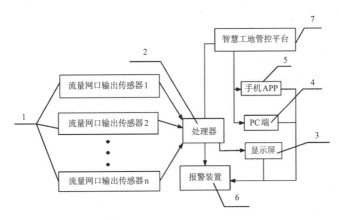

图4-8　智慧工地管控平台的污水排放监测系统，专利号CN201721065329.1

系统还具备实时数据、历史数据、报警数据的查询功能。利用多样的图形展示手段，进行实时、历史数据的展示，达到直观、清晰的效果。支持通过GPRS传输设备进行远程参数设置、程序升级。可设定污水COD上限值，COD监测数据越限时系统可自动停阀，停止排污，并上报报警信息。污水排放检测系统如图4-9～图4-11所示。

  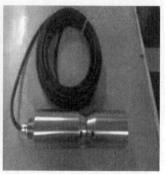

图4-9 悬浮物浓度传感器　　图4-10 数字化PH计传感器　　图4-11 UVCOD传感器

（3）施工设备安全监控系统

传感器技术可应用于施工现场塔式起重机安全监控管理系统及升降机安全管理系统，系统通过吊重传感器、回转传感器、幅度传感器、高度传感器等多项智能终端采集设备，将设备所有运行状态数据化展现出来，实时监测设备吊重、幅度、载重、高度监测等数据，超过警戒值预警并截断，避免超载与误操作，保护施工人员生命安全。

1）塔式起重机远程安全监控系统

塔式起重机远程安全监控系统（又叫塔吊黑匣子），主要应用于塔机的实时监控，避免因操作者的疏忽或判断失误而造成的安全事故，可极大地保证塔机的安全使用。施工塔式起重机必须装备具有采集、记录、显示、传输、预警、报警功能的塔吊黑匣子。

塔吊黑匣子可全程记录起重机的使用状况并能规范塔式起重机的制造、安拆、使用行为，控制和减少生产安全事故的发生。塔吊黑匣子可有效避免误操作和超载，如果操作有误或者超过额定载荷时，系统会发出报警或自动切断工作电源，强迫终止违章操作；还可以对机器的工作过程进行全程记录；记录不会被随意更改，通过查阅"黑匣子"的历史记录，即可全面了解到每一台塔机的使用状况。从而达到保护人力资源的目的。塔吊起重机远程安全监控系统如图4-12所示。

2）施工升降机远程安全监控系统

施工升降机安全监控系统针对施工升降机"非持证人员操控施工升降机"和"安全装置易失效"等安全隐患智能监控，一方面通过高端生物识别技术，有效控防"人的不安全行为"；另一方面强化源头管理，通过对施工升降机监测，有效预防"物的不安全状态"。

施工升降机安全监控系统主要由人脸识别模块、维保提醒模块、防冲顶预警模

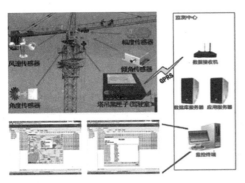

图4-12　塔吊起重机远程安全监控系统

块、防坠器检测模块、楼层呼叫模块、防超载模块及上下限位内外门检测模块等组成，系统创新高度测量模式，精准反映升降机位置及运行状态，辅助司机操作；智能驾驶员人脸识别，吊笼人员信息、人数快速统计，安全责任落实到个人；实时载重监测，超载预警，输出截断装置；系统运行数据实时上传，远程监测现场情况，突发事件快速反应。施工升降机远程安全监控系统如图4-13所示。

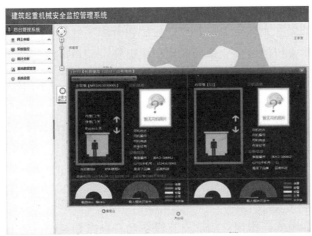

图4-13　施工升降机远程安全监控系统

4.3 虚拟现实技术

4.3.1 虚拟现实技术概述

1987年，美国VPL Research公司创始人Jaron Lanier提出了"Virtual Reality"（虚拟现实）的概念。虚拟现实技术，又称为虚拟环境，灵境技术。根据工程院院士赵沁平教授的定义：采用以计算机技术为核心的现代高新技术，生成逼真的视、听、触觉一体化的一定范围的虚拟环境，用户可以借助专门的装备，以自然的方式与虚拟环境中的物体进行交互作用、相互影响，从而获得亲临其境的感受和体验。虚拟现实概念包含三层含义：

（1）虚拟环境

虚拟现实强调环境，而不是数据和信息。

（2）主动式交互

虚拟现实强调的交互方式是通过专业的传感设备来实现的，改进了传统的人机接口形式。虚拟现实人机接口是完全面向用户来设计，用户可以通过在真实世界中的行为干预虚拟环境。

（3）沉浸感

通过相关的设备，采用逼真的感知和自然的动作，使人仿佛置身于真实世界，消除了人的枯燥、生硬和被动的感觉，大大提高工作效率。

虚拟现实技术具备3I特征，即沉浸感（Immersion）、交互性（Interaction）、构想性（Imagination）。

沉浸感，又叫临场感，指用户借助交互设备和自身感知系统，置身于虚拟环境中的真实程度。交互性，用户通过使用专门输入和输出设备，用人类的自然技能对模拟环境内物体的可操作程度和从环境得到反馈的自然程度。构想性又称创造性，是虚拟世界的起点。想象力使设计者构思和设计虚拟世界，并体现出设计者的创造思想。所以，虚拟现实系统是设计者借助虚拟现实技术，发挥其想象力和创造性而设计的。

根据虚拟现实技术对"沉浸性"程度的高低和交互程度的不同划为四种典型的类型：桌面式VR系统、沉浸式VR系统、增强式VR系统、分布式VR系统，各类型的优缺点如表4-1所示。

虚拟现实系统类别	优点	缺点
桌面式VR系统	经济、用户自由、允许多用户加入	虚拟效果差
沉浸式VR系统	高实时性、高度沉浸感、支持多种交互设备	价格昂贵、成本高
分布式VR系统	提供多用户、异地参与，虚拟效果好	价格昂贵、成本高
增强式VR系统	虚实结合、高实时性	价格昂贵、成本高

当前，国内外虚拟现实表现技术主要包括VRML技术、FLASH技术、Viewpoint技术、JAVA技术和Cult3D技术，虚拟现实内容的开发引擎包括Unity3D、Unigine Engine、Unreal等，这些技术和多媒体结合，可表现出多种形式的虚拟场景。

由于虚拟现实技术具备3I特点，可以逼真地呈现设计者的创作思想，让用户身临其境般与设计内容进行互动，这种技术已经广泛应用于建筑行业全生命周期内的主要阶段。

（1）规划阶段

VR技术可以在设计之初通过把设计图纸、各种数据资料转化成三维数字模型来生动直观地表达规划设计人员的思想，使以往枯燥、专业的设计图纸和数据资料变成人们容易理解和接受的视觉空间信息，便于设计人员与政府部门，和社会公众沟通交流。

三维城市规划仿真系统，如图4-14所示，能够对规划成果及方案进行三维描述和表现，通过对规划方案中的建筑单体的三维建模、墙面纹理映射、添加修饰物等，结合三维数据现状，真实再现规划方案在城市现状景观中的场景，使规划人员、设计人员、决策者及用户在场景交互的过程中，观察到真实的三维立体景观。

图4-14 三维城市规划仿真系统

（2）设计阶段

大型的建筑设计项目往往需要多名不同专业设计师协作完成，虚拟现实三维可视化功能可以提高跨学科交流的效率和便捷性。此外，在特殊时期，比如新冠疫情席卷全球的年代，人们开始将办公转移至线上，面对面会议也被线上会议取代。分布式虚拟现实系统可以令处于不同地区、不同专业的建筑设计师处于同一个虚拟空间，依托于三维建筑模型，开展交流工作，如图4-15所示，InsiteVR系统的会议功能可以令合作的建筑师和工程师，无论身处世界的哪个角落，都可以一起用虚拟现实的技术共享模型，其具体的功能包括设定一个主导会议的用户、附加的声音信息、实时互动建模以及调节比例和静音的功能。

图4-15　Insite VR会议功能

（3）施工阶段

建筑在施工阶段充分利用虚拟现实技术的沉浸性、互动性、可视化的特点，来提高工作效率和管理水平，具体应用包括：施工技术交底、可视化辅助施工、施工安全管理、人员培训、隐蔽工程验收等。如图4-16所示，在工程开工之前，工程技术人员都需要向施工人员进行技术交底工作，说明工程特点、技术质量要求、施工方法、安全措施等内容，传统的技术交底形式大多以设计图纸为依托，利用增

图4-16　增强现实模型施工技术交底（万间科技）

强虚拟现实技术，可以将下一道工序的虚拟模型加载到在施工现场或者办公区内等任何环境，所有参会者佩戴VR眼镜，观看三维虚拟模型，技术人员以虚拟模型为基础进行讲解，令施工人员身临其境了解工程特点和技术细节。

（4）运维阶段

工程竣工验收后，承包商会将大量工程资料一并向业主交付，之后业主便开始建筑物运维工作。传统工程交付形式大多是将工程施工文字资料、竣工图纸、配套竣工资料、工程影像资料等海量、离散的数据搜集在一起，作为电子化留存，而这些数据的查询与利用比较困难，给后期的建筑运行维护工作造成不便。随着建筑内设备不断增加，建筑基础设施呈现出规模庞大、结构复杂、品牌众多等特点，各系统相对独立，需要投入大量的人力成本聘请专业的运维人员针对各自系统进行运行维护管理，同时设备往往很难充分利用，设备运行效率较低，造成了建筑运行维护工作十分困难的局面。

利用虚拟现实技术，将建筑设备、管线的信息模型保存在计算机后台，在建筑上安装数据采集装置来采集建筑的水电暖等相关配套系统的实时状态，并将数据上传到计算机后台。运维人员在计算机交互设备上查看模型信息和实时监测数据，在VR平台交互设备进行虚拟漫游并查看构件信息和实时监测数据。如发现异常则安排相关人员对指定位置进行巡检，维护或更换相应构件设备，同时将相关文档进行上传至计算与存储平台保存，实现大型建筑的标准化，规范化的运维管理，如图4-17所示。

图4-17　虚拟现实建筑运维系统

4.3.2 虚拟现实技术在绿色施工中的应用

（1）施工场地布置

传统的施工平面布置图，以图纸形式绘出，根据施工经验进行，无法给人直观立体效果，即使采用3D效果图形式，当需要修改时，也不易及时反映场地布置的动态变化。在虚拟现实系统中，首先建立该工程所有现存和拟建建筑物、施工设备、临时设施、管线道路等实体的3D模型，通过虚拟现实语言赋予各3D实体动态属性，实现各对象的实时交互及随时间的动态变化。

在系统中，为3D实体建立统一属性数据库，存入各实体的位置坐标、存在时间及设备型号等信息，包括临时设施、材料堆放场地、材料加工区、仓库等设施实体的占地面积，容量及其他各种信息。项目管理人员通过漫游虚拟场地，可以直观地了解场地布置，点击鼠标便能看到各实体的相关信息，同时还可通过修改数据库的信息来更改不合理之处。系统还可根据存入数据库的规范信息和场地优化方案，协助组织人员确定更合理的场地位置、运输路线规划和运输方案，节省土地、资金和时间成本。

（2）工程验收

虚拟现实技术三维可视化、沉浸感、可交互性的特点在辅助施工方面同样发挥重要作用。比如前文所述增强现实情境下施工技术交底，技术人员依托三维虚拟模型向施工人员讲解技术要点，既提高了沟通的便捷性，又能节省大量图纸，减少浪费。虚拟现实技术还可以辅助工程验收工作，传统方式下的工程验收大多需要现场观察、问询、对比工程图纸，耗费大量时间和资金，并且会有遗漏的可能性。增强现实技术能大大提高这项工作的效率，比如美国SRI公司开发的一款增强现实APP，如图4-18所示，工程人员佩戴VR眼镜在施工现场履行工程验收工作，VR眼镜会根据人员定位自动加载模型，工程人员再通过VR眼镜，将现场的工程情况与加载的三维虚拟工程模型进行对比，检查尺寸、设备型号、管线连接等施工细节是否符合设计要求，并在终端设备上标注。基于增强现实技术的工程验收一方面可以进行完整细致的审查，防止疏漏，有效避免返工，减少工程材料浪费；一方面省去大量图纸翻阅查询工作，节省纸张。

（3）远程工作会议

工程施工阶段会组织大量的会议，需要设计方、施工方、监理方、政府部门、业主、分包商、材料供应商等大量人员参会，这些人员往往不生活在工程所在地，

图4-18 虚拟现实工程验收系统

需要付出大量的时间、交通费用出席会议，而大量的会议旅途也会增加碳排放。利用分布式虚拟现实系统，可以让处于不同城市的团队共同沉浸在同一虚拟现实情境中，共享虚拟工程模型，在虚拟会议室中组织会议，讨论工程问题，如图4-19所示，通过这种方式，能大大减少施工期间会议产生的旅途能耗、碳排放、差旅费用，节省工期。

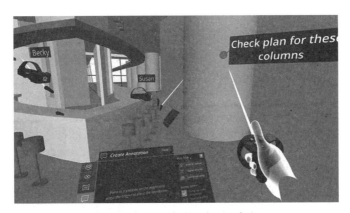

图4-19 远程虚拟现实工程会议

（4）工程人员安全培训

人员安全管理同样是绿色施工的重要内容，虚拟现实技术的沉浸感、可互动性和构想性在施工人员安全教育中发挥了积极地作用。目前，很多施工项目都在现场建设了虚拟现实安全教育体验馆如图4-20所示，将说教式安全教育转变为体验式安全教育。由传统的"读规章制度、看事故视频、签名"老三样向施工现场安全事故形式模拟VR体验转变。施工安全体验馆，通过模拟施工现场多发的一些安全隐患，让施工从业人员进行体验，亲身感受违规操作带来的危害，强化安全防范意识，并熟练掌握部分安全操作技能，预防和减少事故发生。

图4-20　VR安全教育体验馆

4.4 图像识别技术

4.4.1 图像识别技术概述

图像识别，是指利用计算机对图像进行处理、分析和理解，以识别各种不同模式的目标和对象的技术，是当今最活跃的研究领域之一。图像识别技术起源于人类自身对事务的认知分析过程，是依据一定的量度或观测基础把待识别模式划分到各自的模式类别中的过程。计算机能对比图像像素与像素之间的差异，观察到人类关注不到的细节，从而得出更精准的判断，且不像人类一样受主观性干扰。

图像识别技术包含三部分内容：图像信息获取，信息加工处理（包括图像分割、特征抽取与选择）和判断分类，其中，特征提取和选择，与决策分类是图像识别最重要的两步。图像识别的主要方法包括统计模式识别、结构（句法）模式识别、模糊模式识别、人工神经网络识别、统计学习理论和支持向量机识别。

图像识别技术的应用领域非常广泛，在交通领域，可以通过采集驾驶员的眼部图像来判断驾驶员的疲劳状态；在医疗领域，图像识别技术能在30秒内正确鉴别脉络膜新生血管、糖尿病黄斑水肿、玻璃膜疣以及正常视网膜的图像，结果的准确率、敏感度、特异度均在95%以上，并能得出与人类相似甚至更高的准确率；还可应用与农业、遥感、房地产业、电子商务等多个领域，可以说，图像识别技术已经深入人类的生活的方方面面。

4.4.2 图像识别技术在绿色施工中的应用

图像识别技术在绿色施工中主要被应用于人员管理和工程材料管理两个方面。

（1）棒材管理

钢材是建筑工程中重要材料，一般材料进场后的第一步就是材料清点计数工作，常规的计数方法都是由现场工人进行人工统计，由于工人工作疏忽，现场环境杂乱，经常会导致计数错误，给施工单位带来经济损失，也导致材料浪费。

基于图像识别技术的棒材自动计数系统可以有效解决人工技术中出现的问题。如图4-21所示，材料进场后，由材料验收员现场验收，并利用手持智能计数终端拍摄钢材端面图像，该系统通过图像识别算法，实现进场棒材的自动点数与验收，可大大提高点数速度，管理人员通过系统保存现场照片和验收记录，可以有效监控材料验收作业，防止材料虚报。采用高精度图像识别算法，识别率可达90%以上。可以提升清点效率，节约人力；通过对棒材的精细化管理，可以减少因管理不善而造成的材料浪费。

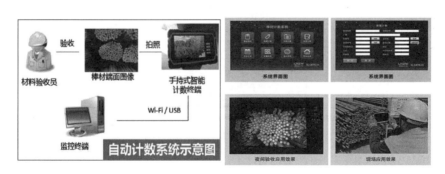

图4-21 基于图像识别的棒材技术系统

（2）人员管理

在人员管理方面，图像识别最主要的应用是施工人员的不安全行为识别和预警,这也是当下施工安全领域的研究热点,比如韩豫、张泾杰等人研发了建筑工人智能安全检查系统,该系统核心硬件为摄像头和计算机,用于图像采集、加工处理、结果显示,系统包含模块如表4-2所示。建筑工人智能安全检查系统以图像识别技术为支撑,先采集待检查工人身体的彩色图像和深度图像,提取彩色图像中人脸信息,利用相似度比对完成身份识别,进行安全装备检查,并调用深度图像中的人体骨骼节点信息进行作业行为能力检查。经科研人员测试,该系统身份识别正确率为83.75%,安全帽识别正确率为96.25%,安全带识别正确率为63.75%,满足实际需求。

建筑工人智能安全检查系统 表4-2

模块名称	功能说明
图像采集模块	采集待检查工人的彩色图像和深度图像信息
图像预处理模块	运行图像增强、分割等预处理,建立人体骨骼节点模型
数据库模块	包括工人信息库、安全装备模型库、行为数据库
图像处理模块	将预处理后的信息与数据库中存储的信息进行对比
信息输出模块	用于工人信息及权限、安全装备缺失结果、作业行为能力检查结果的输出

(3)污染源识别

扬尘管控是施工现场环境管理监测的重要内容,但是施工现场经常会发生扬尘污染源识别速度慢、识别不精准的问题。利用图像识别技术,可以通过谱图库对扬尘污染源进行自动识别。具体方法是:首先采集建筑施工区域图像,并通过分析图像获得扬尘污染特征,并将建筑施工区域的污染源转换为可视化状态,再使用贝叶斯定理、马尔可夫链、蒙特卡罗法对污染源密度函数进行迭代,从而获得密度函数的后验统计规律,构建扬尘污染源标准谱图库,最后使用聚类分析对谱图进行处理,利用相似度系数确定扬尘污染物的来源,如图4-22所示。

图4-22 施工扬尘识别系统结构框图

4.5 RFID技术

4.5.1 RFID技术概述

RFID是射频识别技术（Radio Frequency Identification，简称RFID）的英文缩写，又称为电子标签技术。射频识别技术是20世纪90年代开始兴起的一种自动识别技术，利用射频信号通过空间耦合（交变磁场或电磁场）实现无接触信息传递并通过所传递的信息达到识别目的的技术。

RFID的工作原理：标签进入磁场后，如果接收到阅读器发出的特殊射频信号，就能凭借感应电流所获得的能量发送出存储在芯片中的产品信息（即Passive Tag，无源标签或被动标签），或者主动发送某一频率的信号（即Active Tag，有源标签或主动标签），阅读器读取信息并解码后，送至中央信息系统进行有关数据处理。

射频识别系统至少应包括两个部分：读写器和电子标签（或称射频卡、应答器等，本书统称为电子标签），另外还应包括天线、主机等。RFID系统在具体的应用过程中，根据不同的应用目的和应用环境，系统的组成会有所不同，但从RFID系统的工作原理来看，系统一般都由信号发射机、信号接收机、发射接收天线几部分组成。

RFID技术最主要的优点在于其非接触识别和追踪定位的特性，其技术特点如下：

（1）识别精度高，可识别快速移动的物体，例如对运输车辆的追踪定位；

（2）RFID采用电射频，不受覆盖物遮挡的干扰，可远距离通信，穿透性极强；

（3）多个电子标签所包含的信息能够同时被接收，信息的读取具有便捷性；

（4）抗污染能力和耐久性好，可以重复使用。

以上技术特点使得RFID技术被应用于施工管理中，并在绿色施工中发挥了积极的作用，帮助项目管理人员更高效地进行工程运输车辆、材料、人员、设备的管理，减少浪费，减轻污染。

4.5.2 RFID技术在绿色施工中的应用

在施工阶段，由于RFID技术识别精度高，并且能追踪快速移动的物体，可以利用RFID定位建筑垃圾运输车，检测是否按照规定正确排放固体垃圾。此外，也可通过RFID监测供货商提供的货源地到施工现场的运输路线，从而计算运输中涉及的能耗和碳排放，以便对施工阶段内的能源消耗和碳排放进行管理。

由于RFID技术非接触识别的特性，还可将人员、材料、设备等信息植入RFID芯片，通过给建筑工人佩戴装有RFID芯片的身份标识卡，后台系统便可对不同身份属性的人员进行分类管理，还可以进行人员调配、考勤等工作。若将RFID标签安装在建筑材料、构件、设备上，后台系统能第一时间得知材料、构件、设备的进场信息、摆放位置、追踪材料使用情况和剩余情况，实现更精准高效的管理，减少材料的损耗和对劳动力的浪费。

RFID技术还可以同时对多个物体进行信息读取工作，因此可同时间内对施工现场进行大范围的监测，以便建立绿色施工管理体系，对场内所有的设备、人员、材料进行多目标精准定位和状态监测，提升管理效率，人力资源消耗少。

4.6 数字孪生技术

4.6.1 数字孪生技术概述

数字孪生（Digital Twin）是以数字化的方式建立物理实体的多维、多时空尺度、多学科、多物理量的动态虚拟模型来仿真和刻画物理实体在真实环境中的属性、行为、规则等。数字孪生的概念最初是美国密歇根大学教授Michael Grieves于2002年在所讲授的产品生命周期管理课程中提出。数字孪生技术有以下典型特点：

（1）数据驱动：数字孪生的本质是通过数据的流动实现物理世界的资源优化。

（2）模型支撑：数字孪生的核心是面向物理实体和逻辑对象建立机理模型或数据驱动模型，形成物理空间在赛博空间的虚实交互。

（3）软件定义：数字孪生的关键是将模型代码化、标准化，以软件的形式动态模拟或监测物理空间的真实状态、行为和规则。

（4）精准映射：通过感知、建模、软件等技术，实现物理空间在赛博空间的全面呈现精确表达和动态监测。

（5）智能决策：未来数字孪生将融合人工智能等技术，实现物理空间在赛博空间的虚实交互辅助决策和持续优化。

数字孪生技术早期主要被应用在军工及航空航天领域，如美国空军研究实验室、美国国家航空航天局（NASA）基于数字孪生开展了飞行器健康管控应用，美国洛克希德·马丁公司将数字孪生引入到F-35战斗机生产过程中，用于改进工艺流程，提高生产效率与质量。由于数字孪生具备虚实融合与实时交互、迭代运行与优化以及全要素/全流程/全业务数据驱动等特点，目前已被应用到产品生命周期各个阶段，包括产品设计、制造、服务与运维等。

数字孪生技术也可被应用于智慧城市建设中，据媒体报道，德国汉堡市、莱比锡市和慕尼黑市将共同执行一项名为"互联城市孪生–用于集成城市发展的城市数据平台和数字孪生"项目。该项目将把城市建筑物、街道、水域这些物理实体，以及行政程序、公民参与、交通管制等管理手段，通过数据或算法转化成数字镜像，通过传感器连接到现实世界。这种采用虚拟、交互式3D城市模型和协作城市数据平台的形式，让居民使用数据来帮助政府决策，同时，也可帮助政府建设数字化可持续发展城市。

2018年，中国政府将数字孪生城市作为实现智慧城市的必要途径和有效手段，雄安新区的规划纲要明确指出要坚持数字城市与现实城市的同步规划、同步建设、致力于将雄安打造为世界领先的数字城市。

4.6.2 数字孪生技术在绿色施工中的应用

利用数字孪生技术来推动绿色施工过程，需要将施工现场"人、机、料、法、环"五大要素的信息和数据进行采集和管理，依靠交互、感知、决策、执行和反馈，将信息技术与施工技术深度融合与集成，实现建造过程的真实环境、数据、行为三个透明，推进施工现场的管理智慧化、生产智慧化、监控智慧化、服务智慧化。

为了实现上述目标，施工企业首先需要将多年积累的三大类信息：图纸及构件信息、生产及环境信息、过程管理信息进行梳理，并对这三个方向上曾展开的信息化工作进行总结。在此基础之上，搭建一套信息集成平台，做好信息的采集与储存，然后通过对数据进行分类和提取，并将有效信息以展示大屏和应用的形式发送，最终为项目管理者提供项目全面、实时的信息和便捷、高效的管控渠道。利用信息集成平台辅助管理，项目趋近于透明化、管理更为智慧高效、生产更为绿色环保，是新时代下智慧建造的必然选择。

图4-23为中建集团联合团队为雄安项目搭建的数字孪生平台架构。该平台分为3个层面：

（1）第1层是感知层，即数据采集层，由一系列物联网传感器组成，也包括移动终端的应用，例如手机、读卡器、传感器电子标签、测量器、摄像头、RFID、红外感应器等。

（2）第2层是数据分析层，主要负责分析处理从感知层所采集到的一系列信息或数据，并传递到后台的实际应用，数据分析层是通过互联网连接不同数据服务器进行数据分析统计。

（3）第3层是应用层，以BIM信息为载体，以云计算为支撑手段，通过PC及移动通信设备实现各类应用。所有数据通过有线/无线网络传递，在云服务器中储存管理。

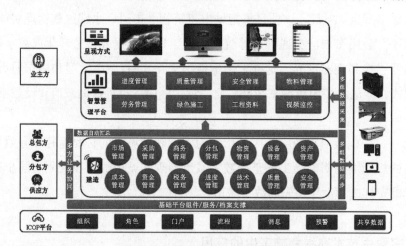

图4-23　雄安项目数字孪生平台架构

通过搭建数字孪生平台，可以实现绿色施工目的包括：

（1）透明化人员管理

通过数字孪生系统，可实现施工现场劳务人员实名认证，劳务人员个人履历和劳动合同信息全部存储至数据服务器，便于规范项目日常管理，有效降低劳资纠纷的风险。同时，现场设立设置全高闸门禁系统，采用一卡通+人脸识别的双识别方式记录人员考勤信息；通过GPS定位器采集主要劳务人员行动轨迹和劳务热点图，实现人员精细化管理。

（2）智能化机械设备管理

1）塔式起重机运行状态管理

在塔式起重机上安装安全监控管理系统的设备终端，可以记录塔式起重机的实时运行情况，包括大臂运行角度、当前吊重、室外风力等。在项目设置多台塔式起重机时可对群塔作业进行分析，防止安全事故。该信息可集成至智慧建造管理平台中。

2）大型机械管理

对进场机械进行统一编码，并绑定定位芯片（或运行监控设备），对机械的定位和运行状态做管控，对设备在项目使用时长记录统计，确保在使用寿命范围内安全作业，机械进出场时平台进行记录。

（3）物资材料管理

工程所有材料进场及消耗情况通过信息平台进行登记录入并结合BIM进行全生命期追溯。在构件上粘贴二维码或RFID芯片后可实时记录现场装配式构件的设计、加工、运输、安装的全过程；所形成的构件安装及验收记录上传至平台中，可通过扫码或射频感应设备在现场进行查看，也可经由专用账户在平台系统中进行查询，确保了工程质量可追溯，同时跟踪管理工程材料消耗情况，节省工程材料，避免浪费。

（4）多功能环境监测

在施工现场布设自动监测环境仪器，对施工现场的扬尘、噪声、温湿度、风速、风向、工程污水和用水用电量等信息进行实时监测，通过数据分析并及时处理项目环境、能耗情况，当各环境要素超标时系统进行报警。

当前数字孪生技术在工程建设领域的应用还停留在初级阶段，未来中国建设行业可以以制造业对数字孪生的实践为基础，分析绿色施工过程的特性需求和理论基础，提出了基于数字孪生的绿色施工，并利用例如物联网、大数据、云计算、BIM等新技术，通过标准化的数据管理和互操作性建立了安全共享数据连接的数字孪生生态系统，可以为业主、物业管理方和政府监管部门正确反映绿色建筑的实际施工过程状况，为绿色施工过程成本控制、管理与决策提供良好的基础。同时，相关方可以根据自身的权限，直接通过对该系统的操作，实现对绿色施工的控制管理。

4.7 大数据技术

4.7.1 大数据技术概述

大数据一般是指在获取、存储、管理、分析方面大大超出了传统数据库软件工具能力范围，需要采用新技术手段处理的海量、高增长率和多样化的信息资产。麦肯锡给出的定义是：大数据是指无法在一定时间内用传统数据库软件工具对其内容进行采集、存储、管理和分析的数据集合。大数据包括结构化与非结构化两类，结构化数据包括在数据库和电子表格中被系统管理的信息，具有固定格式和有限长度，而非结构化数据没有海量的数据规模，没有预定的模型或格式，比如社交大数据、语音信息等。大数据具备容量庞大、流转迅速、类型多样、价值密度低四大特征。

大数据为人类提供了认识复杂世界的新思维和新手段，可以弥补传统统计抽样调查方法的固有缺陷，帮助人类更客观，更全面地了解复杂系统的运行行为、状态和行为规律，有利于人们做出科学决策，摆脱经验思维。

随着可持续发展理念的深入，政府和建筑行业对绿色建筑的要求不断更新提高，对绿色建筑的设计、施工、运营涉及的技术和评价标准也在不断升级完善。如今进入大数据时代，建筑行业也紧跟时代脚步，开始逐步利用大数据技术对原有的设计理念、技术手段和管理方法进行提升和优化，这也是先进绿色建筑领域的研究热点。

目前，绿色建筑领域对于大数据的应用较多集中在建筑使用阶段，使用阶段在建筑物全寿命周期内占时最长，使用者众多，会产生海量数据资源，涉及建筑内环境、资源消耗、机电设备运行等方方面面。比如汤民、肖亚楠、武振羽等开发了基于大数据的绿色建筑动态评估系统，系统架构如图4-24所示，该系统架构包括四个层次：采集控制层、通信层、业务层、综合应用层，其中采集控制层主要由各类控制网关及采集设备组成。例如能源类由能源网关，电表、水表、气表等采集设备；发电类由发电网关、逆变器采集设备组成。环境类由 CO_2、PM2.5、TVOC、新风量等传感器及环境网关组成，各种采集设备为评价系统提供海量数据支持。

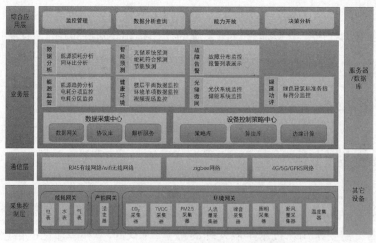

图4-24　大数据绿色建筑评估系统架构

穆永超、周志华等人也对大数据在绿色建筑运行阶段的使用和分析进行了探索，如图4-25所示，在建筑运行阶段，可以利用的数据源包括室外温湿度、室外空气质量、风速等环境信息；建筑面积、朝向等建筑物理信息；室内温湿度、室

绿色建造管理实务

内噪声等建筑内环境信息；以及空调负荷、水泵负荷等机电设备信息，这些数据经过收集、处理、挖掘后，可以实现的目标包括：建筑能耗预测、设备故障诊断、设备参数设定、建筑运行能耗、建筑后评估、区域能源管控、室内环境控制等，在此基础之上，进一步对绿色建筑展开维护管理、优化设计、能源调度和环境控制。

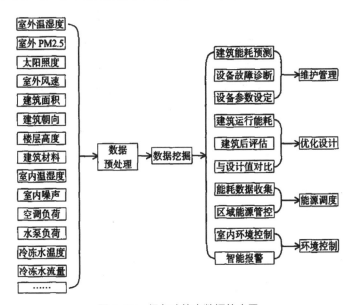

图4-25　绿色建筑大数据的应用

4.7.2 大数据技术在绿色施工中的应用

大数据技术应用在施工阶段的应用主要是结合BIM、物联网、图像识别等技术提高施工阶段的信息化管理水平，优化施工技术手段、使得施工过程更科学更智能。

（1）施工过程模拟和预测

工人在施工过程中会反馈大量数据，包括工程实际度量尺寸、施工步骤、工序、环节等，利用大数据技术可对这些数据进行深度分析、对施工过程进行数字化模拟仿真，根据工程进度，为后续施工方案提供参考，并对整个施工过程进行数字化指导。同时，针对大自然气候环境等不可控因素，根据当地气象局收集的数据，可以模拟施工过程中各项步骤可能发生的变形、损耗等，提前做好预防工作。

（2）施工管理现代化

利用大数据技术为工程搭建数据信息平台，整合工程造价、材料供应、设备进场、施工进度、劳务分包、现场环境等信息，利用行业大数据与工程实际情况进行对比分析，越过人为实地考察，对符合行业情况的数据给予通过，对不符合正常情况的数据予以考察，有效规避其中人为因素造成的拖延工期、克扣成本等问题，实现现代化信息化施工管理。

（3）施工技术优化

施工技术优化可涉及桩基问题、混凝土浇筑问题、钢筋问题三个方面。桩基问题关键在于施工区域地质环境复杂难以控制，可能受到气候、环境等多种因素影响，但并不是无法预料。利用大数据技术，可模拟地基情况，分析桩基承受的压力载荷等，有效避免桩基施工中出现的问题。利用大数据技术可调整混凝土调配比例，控制浇筑过程分层、分面、分段等浇筑技术，模拟当前气候下浇筑面的变形程度等。最后，由于钢筋设计对数据的依赖程度极高，大数据技术能排除不合理数据，并深度挖掘数据信息，提高钢筋设计的合理性，规避钢筋设计失误带来的风险。

（4）智慧工地系统

智慧工地大数据中心是依托物联网、互联网建立的大数据管理平台，能够实现劳务管理、安全质量管理、绿色施工、物资设备管理等系统的智能化和互联互通，通过对施工数据的收集、上传，分析工程信息数据，提供过程趋势预测及预案，实现工程可视化智能管理和管理对象的针对性管理，并将管理资料系统化、集成化，进而提高工程管理信息化水平。

（5）工程人员管理

建立工程劳务人员档案大数据，项目部以劳务实名制系统为核心，将劳务实名制与入场教育培训、门禁系统、产业工人培训基地、安全行为之星、视频监控AI智能分析、安全常识WiFi密码答题等数据相关联，确保工人完成入场教育培训并考核合格后才开放门禁权限。在个人档案建立后，项目部给劳务工人开设工资账户，统一办理银行卡，由银行点对点打到个人工资卡上，然后将明细传回智慧AI信息系统，有效地防范和遏制劳务队伍恶意拖欠劳务工人工资的发生。

（6）工程安全管理

建立工程安全档案大数据，项目部通过人员安全管理、质量巡检，及时发现安全质量隐患，并制定整改措施、限定整改期限、指定落实责任人，对现场存在的安全质量隐患进行整改。同时，实时生成分析数据，按照部位、施工队伍、班组进行分类，管理人员可对存在问题较多的部位、班组进行针对性管理，提高管理效率，同时还按照时间轴对隐患趋势进行预判，制定预案及管理措施。

（7）施工现场环境监控

项目部将TSP监控设备、智能电表、智能水表等设备进行关联、数据整合，结合进度管理对噪声、扬尘、能源消耗等进行统计分析，针对噪声污染、扬尘超标、能源消耗较大的环节、工区制定针对性措施，为决策提供依据。

4.8 低碳混凝土技术

混凝土是施工中用量最大的建筑材料之一。通过混凝土搅拌站、混凝土制品和构件及混凝土现场施工等方式，每年将超过30亿 m^3 的混凝土被用于基本设施建设和国家重点工程。而施工中被大量使用的传统硅酸盐水泥混凝土也是建筑行业的主要碳排放源头：水泥工业的碳排放量通常占人类活动碳排放量的5%~10%，在我国，水泥工业的碳排放量占到全国的15%左右，每生产1t硅酸盐水泥排放 CO_2 大约511kg。此外，我国每年因拆除建筑和新建建筑产生的固体废弃物高达3亿t，其中仅废弃混凝土大约有1亿t，由此引发了十分严重的环境问题，也产生昂贵的垃圾处理费用，基于以上原因，为了让建筑行业走可持续发展的道路，研发低碳水泥混凝土是行业的必然选择。

中国工程院吴中伟院士曾在1998年提出绿色高性能混凝土的概念，其内涵主要包括：一是更多地节约熟料水泥，减少环境污染；二是更多地掺加以工业废渣为主的活性细掺料；三是更大地发挥高性能优势，减少工程中水泥和混凝土的用量。

低碳混凝土技术是指在混凝土的生产、使用过程中，能够直接或间接地降低温室气体排放的相关混凝土技术。具体包括：减少混水泥用量的前提下追求水泥混凝土长寿命、高耐久的绿色高性能混凝土技术，以及尾矿、建筑垃圾在混凝土工程中的应用技术。降低混凝土中水泥的用量对减少混凝土碳排放具有最直接的效果，因此，在混凝土生产过程中选择低水泥用量、大量矿物掺合料的复合胶凝材料体系是重要的技术原则。以C40混凝土为例，相较于普通混凝土，低碳混凝土节约水泥159kg/m^3，使用工业废渣132kg/m^3，每吨水泥的综合能耗降低为120kg标准煤，煤耗降低136kg，电耗降低92kWh。按照中国混凝土产量，如有1/4数量的混凝土采用低碳混凝土技术，每立方混凝土节约水泥100kg来估算，仅此一项我国每年可以节约水泥0.5亿t，折合为节约综合能耗、煤耗和电耗的数量会相当可观。

混凝土的耐久性是世界性难题，我国有大量建筑物在尚未到使用寿命时便出现了混凝土表面的开裂和破坏，由此产生的维修保养费用和建筑物垃圾问题也相当严重。高性能混凝土能大幅提高混凝土耐久性，延长混凝土使用寿命至上百年，从而延长建筑物结构的使用寿命，节约维修和重建费用，避免能源和资源的浪费，减少建筑垃圾。

在资源消耗方面，制备普通混凝土要用约12%水泥、8%拌和水和80%的集料，这意味着混凝土的生产过程伴随着巨大数量的混凝土集料的开采、加工和运输，这些都将消耗大量的自然资源，不可再生能源，也会释放大量CO_2。若将尾矿、建筑垃圾作为骨料循环利用于混凝土，不仅可以大量减少天然资源的消耗，而且可以减少处理这些废弃物所要消耗的大量物力，间接减少温室气体排放。

课后习题

1. 什么是BIM技术？

2. BIM技术在绿色施工中可应用于哪些方面？

3. 什么是物联网技术？

4. 画出施工现场环境监测系统架构图。

5. 物联网技术在绿色施工中有哪些应用？

6. 虚拟现实概念包含哪三层含义？

7. 虚拟现实技术在绿色施工中都有哪些应用？

8. 图像识别技术在绿色施工中有哪些应用？

9. 简述RFID技术的工作原理。

10. 简述RFID技术在绿色施工中的应用。

11. 什么是数字孪生？

12. 数字孪生平台可以帮助绿色施工实现哪些目的？

13. 简述大数据技术在绿色施工中的应用。

第 5 章

绿色施工与「双碳」

导读：碳中和、碳达峰是中国向全世界做出的承诺，各个行业都为此积极行动起来。建筑业是国民经济的支柱产业，也是高耗能、高碳排放行业，建筑全过程碳排放约占全国能源碳排放总量的一半以上，在建筑行业推行节能减排技术将为我国早日实现"双碳"目标做出重要贡献。本章将围绕碳中和、碳达峰的目标，介绍其相关概念、背景和意义，并重点对建筑施工阶段碳排放测算方法，减排措施加以介绍。

5.1 碳达峰、碳中和的相关概念

2020年9月22日，在第75届联合国大会一般性辩论上，中国向全世界宣布将提高国家自主贡献力度，采取更加有力的政策和措施，CO_2排放力争于2030年前达到峰值，努力争取2060年前实现碳中和。碳达峰、碳中和也被简称为"双碳"。

何谓碳中和？广义上，碳中和是指人类化石能源利用、土地利用及自然界火山喷发碳排放等碳源体系与地球碳循环系统、海洋碳溶解、生物圈碳吸收等碳汇体系间形成动态平衡；狭义上，碳中和是指一个组织、团体或个人在一段时期内CO_2的排放量，通过森林碳汇、人工转化、地质封存等技术加以抵消，实现CO_2"净零排放"。

要达成碳中和一般有两种做法：

（1）透过碳补偿机制，使其产生的碳排放量在其他地方减少。例如：植树造林。

（2）使用低碳或零碳排的技术，例如使用再生能源（如风能和太阳能），以避免因燃烧化石燃料而排放CO_2到大气中；最终目标是仅使用低碳能源，而非化石燃料，使碳的排放量与地球的吸收量达到平衡。

碳达峰是指CO_2排放量达到历史最高值之后进入逐步下降阶段。碳达峰是碳中和的前置条件，只有实现碳达峰，才能实现碳中和。碳达峰的时间和峰值水平将直接影响碳中和实现的时间和难度：达峰时间越早，实现碳中和的压力越小；峰值越高，实现碳中和所要求的技术进步和发展模式转变的速度就越快、难度就越大。碳达峰是手段，碳中和则是最终目的。碳达峰时间与峰值水平应在碳中和愿景约束下确定。峰值水平越低，减排成本和减排难度就越低；从碳达峰到碳中和的时间越长，减排压力就会越小。

5.2 "双碳"提出的背景和意义

人类进入工业化时代后，全球大气中CO_2平均浓度达到了近百万年以来的最高水平，温室效应不断加剧，全球气候变暖情况愈发严重，从而导致冰川融化、海平面上升以及极端天气频发，地球生态系统和人类社会发展受到严重威胁。

目前，全球气候异常情况增多，自然灾害频发是全人类必须共同面对的系统问题，世界各国携手面对是实现碳中和目标的必然要求，世界各国应积极采取措施，减少碳排放量，共同应对气候变化问题。1997年12月，联合国气候变化框架公约大会在日本京都召开，会上通过了《京都议定书》于2005年2月16日正式生效。京都议定书主要针对发达国家的温室气体排放问题，规定截至2010年，所有发达国家的温室气体排放量要比1990年减少5.2%。2015年12月，第21届联合国气候变化大会通过《巴黎气候协定》，并于2016年11月4日起正式实施，目标是将全球平均气温较前工业化时期上升幅度控制在2摄氏度以内，并努力将温度上升幅度限制在1.5摄氏度以内。为了实现这一目标，全球在2050年左右需要实现碳中和。

实现碳中和是全世界的共识，中国由此提出碳达峰、碳中和的目标。在2020年9月习近平总书记提出"3060""双碳"目标后，国家"十四五规划"提出，在"十四五"期间，加快推动绿色低碳发展，降低碳排放强度，支持有条件的地方率先达到碳排放峰值，制定2030年前碳排放达峰行动方案。2020年12月举行的中央经济工作会议将做好碳达峰、碳中和工作作为八大重点任务之一，有条件的地方要求2030年前实现碳排放率先达峰。生态环境部审议通过《碳排放权交易管理办法（试行）》，自2021年2月1日起开始施行。《碳排放权交易管理办法（试行）》所提出的碳汇交易、碳汇银行等，将对未来几十年里碳中和产业的发展，对于建设低碳城市有着重要的指导意义。

碳达峰、碳中和目标的提出对我国经济发展具有重要意义。由于我国人口多能源消费量大，当前能源消费仍然以化石能源为主，并且我国能源进口依赖度高，原油超过70%依赖进口，我国"富煤、少油、缺气"的能源储备条件决定了我国经济发展必须要转向多元能源供应的发展方向，加强可再生能源的开发和使用，减少化石能源的消耗，在各行各业大力推广低碳节能技术，加大科技创新力度，促使我国产业结构升级，如期实现能源"独立自主"与碳中和两大目标。

5.3 建筑全过程的碳排放

建筑行业碳排放过高是全世界节能减排行动必须应对的问题，根据联合国报告，目前建筑碳排放占据世界能源碳排放总量的39%。在美国，建筑在生命周期内排放的CO_2占全美总排放量的43%；在英国，该数据为43%。

在中国，目前，建筑全过程碳排放占全国碳排放总量的一半以上。据中国建筑节能协会最新报告，2019年全国建筑全过程碳排放总量为49.97亿tCO_2，占全国能源碳排放总量的比重为49.97%，建筑业碳排放总量及分布如图5-1所示。建材生产阶段排放27.7亿tCO_2，占建筑全过程的55.4%，其中钢材生产排放13.34亿tCO_2，水泥生产排放11.29亿tCO_2，铝材及其他建筑材料生产排放2.77亿tCO_2。建筑施工阶段排放1亿tCO_2，占建筑全过程的1%。建筑运行阶段排放21.3亿tCO_2，占建筑全过程的42.6%，其中公共建筑排放8.45亿吨CO_2，城镇居住建筑排放8.72亿tCO_2，农村居住建筑排放4.12亿tCO_2。我国建筑业碳排放总量巨大，其中建材生产阶段与建筑运行阶段占比最高，是建筑业实现双碳目标的突破口。

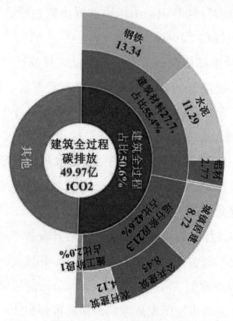

图5-1　2019年中国建筑全过程碳排放（单位：亿tCO_2）

来源：中国建筑能耗研究报告（2021）

5.4 建筑施工碳排放量测算

5.4.1 建筑碳排放相关概念

建筑全过程碳排放包含建筑材料生产阶段、运输阶段，建造施工阶段，建筑运行阶段以及建筑拆除阶段。2019年4月26日住房和城乡建设部发布国家标准《建筑碳排放计算标准》GB/T 51366—2019，对于建筑全过程碳排放的测算方法、测算标准、相关系数做出了统一的规范。

建筑碳排放（Building Carbon Emission）：建筑物在与其有关的建材生产及运输、建造及拆除、运行阶段产生的温室气体的总和，以CO_2当量表示。

碳排放计算边界：与建筑物建材生产及运输、建造及拆除、运行等活动相关的温室气体排放计算范围。

碳排放因子（Carbon Emission Factor）：将能源与材料消耗量与CO_2排放相对应的系数，用于量化建筑物不同阶段相关活动的碳排放。

建筑碳汇（Carbon Sink of Buildings）：在划定的建筑物项目范围内，绿化、植被从空气中吸收并存储的CO_2量。

5.4.2 建筑施工碳排放

一般来说，建筑施工碳排放由建造阶段碳排放与拆除阶段的碳排放两部分组成。

（1）建造阶段

根据规定《建筑碳排放计算标准》GB/T 51366—2019，建造阶段的碳排放应包括完成各分部分项工程施工产生的碳排放和各项措施项目实施过程产生的碳排放。建造阶段碳排放的测算时间边界应从项目开工起至项目竣工验收止。施工场地区域内的机械设备、小型机具、临时设施等使用过程中消耗的能源产生的碳排放应计入。现场搅拌混凝土、砂浆，现场制作构件和部品产生的碳排放应计入。施工现场使用的办公用房、生活用房和材料库房等临时设施的施工和拆除可不计入。

建造阶段的碳排放量应按下式计算：

$$C_{JZ} = \frac{\sum_{i=1}^{n} E_{jz,i} EF_i}{A}$$

式中 C_{JZ}——建筑建造阶段单位建筑面积的碳排放量（$kgCO_2/m^2$）；

$E_{jz,i}$——建筑建造阶段第 i 种能源总用量（kWh 或 kg）；

EF_i——第 i 类能源的碳排放因子（$kgCO_2/kWh$ 或 $kgCO_2/kg$），按标准《建筑碳排放计算标准》GB/T 51366—2019 附录 A 确定；

A——建筑面积（m^2）。

建造阶段的能源总用量宜采用施工工序能耗估算法，按下式计算：

$$E_{jz} = E_{fx} + E_{cs}$$

式中 E_{jz}——建筑建造阶段总能源用量（kWh 或 kg）；

E_{fx}——分部分项工程总能源用量（kWh 或 kg）；

E_{cs}——措施项目总能源用量（kWh 或 kg）。

分部分项工程能源用量应按下列公式计算：

$$E_{jz} = \sum_{i=1}^{n} Q_{fx,i}\, f_{fx,i}$$

$$f_{fx,i} = \sum_{j=1}^{m} T_{i,j} R_j + E_{jj,i}$$

式中 $Q_{fx,i}$——分部分项工程中第 i 个项目的工程量；

$f_{fx,i}$——分部分项工程中第 i 个项目的能耗系数（kWh/工程量计量单位）；

$T_{i,j}$——第 i 个项目单位工程量第 j 种施工机械台班消耗量（台班）；

R_j——第 i 个项目第 j 种施工机械单位台班的能源用量（kWh/台班），按标准附录 C 确定，当有经验数据时，可按经验数据确定；

$E_{jj,i}$——第 i 个项目中，小型施工机具不列入机械台班消耗量，但其消耗的能源列入材料的部分能源用量（kWh）；

i——分部分项工程中项目序号；

j——施工机械序号。

措施项目的能耗计算应符合下列规定：

脚手架、模板及支架、垂直运输、建筑物超高等可计算工程量的措施项目，其能耗应按下列公式计算：

$$E_{cs} = \sum_{i=1}^{n} Q_{cs,i}\, f_{cs,i}$$

$$f_{cs,i} = \sum_{j=1}^{m} T_{A-i,j} R_j$$

式中：$Q_{cs,i}$——措施项目中第 i 个项目的工程量；

$f_{cs,i}$——措施项目中第 i 个项目的能耗系数（kWh/工程量计量单位）；

$T_{A-i,j}$——第 i 个措施项目单位工程量第 j 种施工机械台班消耗量（台班）；

R_j——第 i 个项目第 j 种施工机械单位台班的能源用量（kWh/台班），

按标准GB/T 51366—2019附录C对应的机械类别确定；

i——措施项目序号；

j——施工机械序号。

施工降排水应包括成井和使用两个阶段，其能源消耗应根据降排水专项方案计算，施工临时设施消耗的能源应根据施工企业编制的临时设施布置方案和工期决定。

（2）建筑拆除阶段

建筑拆除阶段的单位建筑面积的碳排放量应按下式计算：

$$C_{cc} = \frac{\sum_{i=1}^{n} E_{cc,i} EF_i}{A}$$

式中 C_{cc}——建筑拆除阶段单位建筑面积的碳排放量（kgCO$_2$/m^2）；

$E_{cc,i}$——建筑拆除阶段第 i 种能源总用量（kWh或kg）；

EF_i——第 i 类能源的碳排放因子（kgCO$_2$/kWh），按本标准附录A确定；

A——建筑面积（m^2）

建筑物人工拆除和机械拆除的能源用量应按下式计算：

$$E_{cc} = \sum_{i=1}^{n} Q_{cc,i} f_{cc,i}$$

$$f_{cc,i} = \sum_{j=1}^{m} T_{B-i,j} R_j + E_{jj,i}$$

式中：E_{cc}——建筑拆除阶段能源用量（kWh或kg）；

$Q_{cc,i}$——第 i 个拆除项目的工程量；

$f_{cc,i}$——第 i 个拆除项目每计量单位的能耗系数（kWh/工程量计量单位或

kg/工程量计量单位）；

$T_{B-i,j}$——第 i 个拆除项目单位工程量第 j 种施工机械台班消耗量；

R_j——第 i 个项目第 j 种施工机械单位台班的能源用量；

i——拆除工程中项目序号；

j——施工机械序号。

建筑物爆破拆除、静力破损拆除及机械整体拆除的能源用量应根据拆除专项方案决定。

5.5 绿色施工与"双碳"目标

在建筑全过程中，施工阶段的能源消耗和碳排放占比均相对较少，仅占全过程2%左右，然而在施工机械使用、工程建造方式、工程材料、工程管理方法、建筑垃圾运输处理等方面，尚有节能减排的提升空间，尤其是在全国各行各业努力实现碳达峰、碳中和的大目标下，工程建设领域也应积极作出贡献，履行社会责任。

5.5.1 发展装配式钢筋、混凝土结构建筑

发展装配式建筑是减少施工现场环境污染，降低碳排放、节省建筑材料的有效手段。装配式建筑是以构件工厂预制化生产，现场装配式安装为模式，以标准化设计、工厂化生产、装配化施工，一体化装修和信息化管理为特征，整合从研发设计、生产制造、现场装配等各个业务领域，实现建筑产品节能、环保、全周期价值最大化的可持续发展的新型建筑生产方式。

与传统的现浇建筑比，装配式建筑将大量现场湿作业转移到了构件预制厂，以机械化的形式进行流水化生产，精细化生产，减少材料浪费，降低施工现场湿作业造成的环境污染、减少建筑垃圾、节省大量劳动力、缩短工期。

住房和城乡建设部科技与产业化发展中心曾对装配式混凝土综合效益开展实证研究，发现对于同一高度和设计方案的建筑，相较于现浇式建造，装配式建造方式在建筑材料、自然资源和能源方面都实现了较大程度的节省。预制构件的工厂化生产能大幅降低钢材的损耗率，提高钢材的利用率，可以减少现场施工如马凳筋等措施钢筋；能够实现对混凝土的高效利用，避免了现场受施工条件影响的浪费；由于预制构件在生产中采用周转次数较高的钢模板，可以大量节省木材；能够避免现浇施工中由于材料保护不到位、竖向施工操作面复杂、工人操作水平低造成的保温板废弃；节省水泥砂浆的用量等。

在资源和能源方面，研究人员发现对于同一建筑，装配式建造可以实现单位面积水资源消耗量节省24.28%，原因一是在于构件生产中采用的蒸汽养护用水能够循环使用，并且用水量科学配比严格控制；二是由于现场湿作业大幅减少，进而减少了施工现场冲洗混凝土泵车、搅拌车的用水量；三是由于劳动力减少，节省了生活用水量。此外，装配式建造可以实现单位面积节省电力消耗高达20.45%，

原因包括：现场施工作业减少，从而导致混凝土振捣棒、钢筋电焊等使用频率减少；采用预制外墙节省了外墙保温施工的耗电量，节省了木模板加工的用电、工厂预制避免了夜间施工的耗电量等。

根据建筑碳排放量测算规则，施工阶段耗电量减少、现场机械设备使用频率较少、现场施工作业减少，这些因素都直接导致了装配式建造施工环节的碳排放降低，由于装配式建筑能够节省大量建筑材料，导致了建材生产和运输阶段的碳排放大幅降低，最终实现了建筑在物化阶段的减排目标。

5.5.2 发展装配式木结构建筑

在建筑全过程中，建筑材料生产阶段的能耗和碳排放占到全过程的一半以上，原因在于目前大量应用于工程建设的材料，如钢筋、水泥、保温板、石膏板等，在其生产过程中会排放大量 CO_2，同这些传统建材相比，木材是一种稳定、无污染的天然可再生材料，树木在生长过程对 CO_2 具有汇聚及固定的能力：林木每生长 $1m^3$ 蓄积量，平均吸收 $1.83t\ CO_2$，并释放出 $1.62t$ 氧气，具有显著的碳汇功能，不同建筑材料碳排放系数如表 5-1 所示。

青岛理工大学张峻以农村住宅为例对不同屋顶构造的碳排放开展比较研究，其数据表明，同样面积的木屋顶比混凝土屋顶减排量高达 65% 以上。曾杰、俞海勇等人以建造一栋地下一层，地上六层的多层建筑为例，分别对传统钢结构、混凝土结构和木结构形式的碳排放开展了比较分析，分析结果如图 5-2 所示，钢结构建筑碳排放最高，混凝土次之，木结构碳排放较小。联合国政府间气候变化专门委员会（IPCC）研究表明，若将建筑工程中的水泥替代为木材等可再生建材，20 年后全球建筑业温室气体排放可比预估值减少 30%。

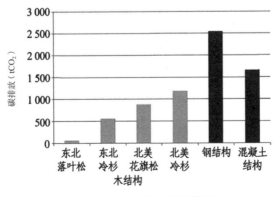

图 5-2 不同材料建筑碳排放

不同种类建材碳排放系数 表5-1

建材种类		碳排放（kgCO$_2$/m^3）
CLT胶合木	东北落叶松	-374.71
	东北冷杉	-32.25
	北美花旗松	-295.75
	北美冷杉	-90.63
		碳排放（kgCO$_2$/kg）
	钢筋	2.208
	混凝土	0.377
	水泥	0.617
	EPS保温板	3.130
	XPS保温板	3.290
	防火石膏板	0.230

因此，发展装配式木结构建筑将会显著降低建筑物全寿命周期内的碳排放。从全世界来看，在北美、欧洲和日本等地区，装配式木结构建筑早已得到广泛应用。美国95%以上的低层民用建筑和50%以上的商用建筑都采用装配式木结构，在每年新建建筑中，装配式木结构占比高达90%。日本建筑业对装配式木结构的关键性能，如耐火性、耐腐蚀及抗震性等进行优化改进，实现了装配式木结构建筑的振兴。目前，日本装配式木结构工厂预制加工能力强，社会分工成熟，在发展装配式木结构建筑的同时，日本的木材产业也得到了发展；而木材产业技术的不断优化进步又进一步带动了装配式木结构建筑产业，最终形成了木材产业与建筑产业相辅相成的良性循环发展模式。在欧洲部分国家，装配式木结构产业发展已相当成熟，已经积累了先进的多层装配式木结构的建造技术经验，建立了完善的装配式木结构设计技术与规范体系，形成工业化生产与建造体系。

在我国，木结构建筑拥有悠久的历史，发展至今，已从传统重木结构建筑进入现代木结构建筑的新发展阶段，然而在建筑工业化的进程中，装配式木结构建筑尚处在起步阶段。在《中共中央 国务院关于进一步加强城市规划建设管理工作的若干意见》和《国务院办公厅关于大力发展装配式建筑的指导意见》国办发〔2016〕71号中均提到在具备条件的地方，因地制宜发展装配式木结构建筑。随着国家标准《装配式木结构建筑技术标准》GB/T 51233—2016和新版《木结构设计标准》GB 50005—2017的颁布实施，以及国家鼓励装配式建筑发展的政策推动，以及中国建筑行业对节能、低碳、抗震、美观等多方面的需求，装配式木结构建筑将迎来广阔的发展前景。未来，还需要政府部门和建筑行业携手，积极制定相关政策，科学推广装配式木结构建筑，尽快形成木结构建筑产业链。在全国范围内，尤其是地震高发地区、旅游景区、农村地区、大力推广装配式木结构体系；联合高校和科研院所的力量，积极研究多层、高层现代木结构建筑技术，增加木结构研发投入，攻克木结构应用的关键技术难题，为木结构建筑的大面积推广应用扫清障碍。

5.5.3 发展低碳建筑材料

如图5-1所示，建筑材料生产阶段的碳排放占建筑全过程总碳排放量的55.4%，在常用建筑材料中，钢材和水泥在生产阶段的碳排放量占比最高，分别是48.2%和40.8%，铝材等其他建材生产碳排放占据10.8%，可见，发展低碳建材是解决建筑行业碳排放过高问题的重中之重。

世界大部分钢材企业是采用焦炭等化石燃料作为冶炼钢铁的还原剂，造成了大量CO_2排放；未来，若用氢能源代替煤作为高热量炼钢过程的燃料，则可以显著减少生产过程中排放的CO_2。瑞典的绿色钢铁企业H2 Green steel声称，与传统钢铁厂每生产一吨钢铁排放$2tCO_2$相比，氢基炼钢工艺可将碳排放降低至0.1t。从技术的角度，氢基炼钢工艺已经具备工业化的可行性，然而，由于投资周期等原因，钢铁制造厂实现低碳生产的重大转变仍需数年时间。国际能源署在2020年10月预测，到2050年，氢基钢铁产量将占全球初级钢铁产量的15%。因此，为早日实现"双碳"目标，钢铁企业应将制造可持续低碳钢材作为长期发展目标，积极探索替代化石燃料的生产工艺，政府也应制定激励政策，扶持钢铁企业对低碳生产工艺的研发和采纳。

水泥生产也是建筑材料碳排放的重要来源，与其他建筑材料生产过程中的碳排放不同，水泥生产中的非能源排放占一半以上。高温煅烧石灰石过程中生成的CO_2被称为水泥生产非能源碳排放，约占水泥生产碳排放的60%；此外，石灰石煅烧过程中产生的能源碳排放占30%左右、生产用电的碳排放占据8%，以及运输用能的碳排放为1%。由于水泥熟料（石灰石和黏土）是水泥的主要成分，水泥熟料的生产过程会排放大量CO_2，若用高炉矿渣细粉、粉煤灰、电石渣、碱渣、天然火山灰等替代部分熟料，降低水泥中熟料的含量，则可大大降低水泥工业的CO_2排放量。根据国际能源组织发布的全球水泥工业碳中和路线图，2030年，水泥生产原材料熟料比例将降低至64%；到2050年，熟料比例将减少到60%。同样，中国水泥行业也在积极推动用工业固体废弃物来替代熟料，并定下到2030年，水泥工业实现碳减排40%的目标。

2021年中国建材行业联合会发布的《推进建筑材料行业碳达峰、碳中和行动倡议书》，面向建材行业郑重提出并倡议："我国建筑材料行业要在2025年前全面实现碳达峰，水泥等行业要在2023年前率先实现碳达峰。"具体措施包括：①调整优化产业产品结构，推动建筑材料行业绿色低碳转型发展；②加大清洁能源使用比例，促进能源结构清洁低碳化；③加强低碳技术研发，推进建筑材料行业低碳技术的推广应用；④提升能源利用效率，加强全过程节能管理；⑤推进有条件的地区和产业率先达峰；⑥做好建筑材料行业进入碳市场的准备工作。

推进建筑材料行业的碳达峰、碳中和工作是项系统工程，需要全行业的共同努力，行业协会应研究制定建筑材料行业碳减排行动方案，积极配合政府制定相关政策、行业标准。高校科研院所应坚持绿色低碳的科技创新方向，加强低碳建材的基础研究工作，为建筑材料行业尽早实现碳达峰提供强大的基础理论和技术支撑。各建材企业应积极响应行业协会倡议，拥抱新技术新工艺、优化生产方案，制定各自企业的减碳目标并严格贯彻。相信在全行业各部门的携手努力下，建筑材料行业"十四五"期间碳达峰目标定会实现。

5.5.4 发展智能建造技术

2021年3月，住房和城乡建设部办公厅发布了《绿色建造技术导则（试行）》（以下简称《导则》），明确了绿色建造的总体要求、主要目标和技术措施，针对绿色施工的部分，导则中明确提出应积极采用工业化、智能化建造方式；积极运用BIM、大数据、云计算、物联网以及移动通信等信息化技术组织绿色施工，提高施工管理的信息化和精细化水平；加强绿色施工新技术、新材料、新工艺、新设备应用，优先采用"建筑业10项新技术"以及通过信息化手段监测并分析施工现场扬尘、噪声、光、污水、有害气体、固体废弃物等各类污染物等。

正如中国工程院院士钱七虎所言，建筑领域要实现"碳达峰""碳中和"，更需要通过技术创新来实现绿色发展，推动以建筑设计为主体的技术方法创新，推进空间节能和设备节能的融合，以及推动工程建设向智慧建造发展。

利用信息技术实现施工过程智能化管理，更科学高效地实现对施工中"人、机、料、法、环"的管理是助力建筑工程领域降低碳排放量的重要手段。如本书第4章中对各项新技术的介绍，利用BIM技术对施工全过程模拟、进行三维可视化施工场地布置能够节省土地、节省钢材；利用物联网与大数据技术，在施工现场安装传感器，对施工现场环境情况进行实时监控和预警；利用数字孪生技术对施工全过程所涉及的劳务、机械设备、材料、施工进度、现场环境等全部数据进行采集和融合，开展实时监控；利用虚拟现实技术组织远程虚拟项目会议、施工方案交底等；或者利用图像识别技术更精准管理工程材料，在5G信息时代，这些新兴技术都能在工程建设领域发挥出自己的一技之长，助力传统古老的建筑业实现产业升级转型，可持续化发展，节省更多的人力、物力，为"双碳"目标做出贡献。

5.5.5 合理使用施工机械

施工阶段碳排放大部分来自使用施工机械的能耗碳排放，尽管这部分在建筑全过程内占比不高，但是也应合理使用，避免无谓的能耗与碳排。吴文伶、刘星、冯建华等人调研计算了30种常用施工机械的碳排放因子，其中履带式推土机、单斗履带式挖掘机等8种机械碳排放较高，均大于150kgCO_2/台班；对焊机、履带起重机等9种机械碳排放因子中等，介于50～150kgCO_2/台班；电动打夯机、电动灌浆机等13种机械的CO_2排放量相对较低（<50kgCO_2/台班），如图5-3所示。施工单位应结合自身工程特点、工程量、施工进度、现场天气情况、与机械设备的规格、型号等因素合理对施工机械选择使用。

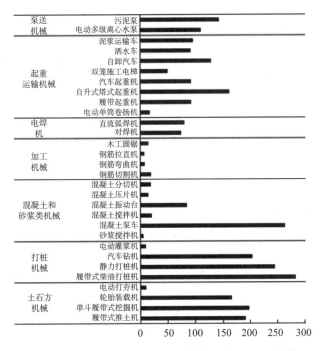

图5-3　各种施工机械的CO_2排放状况（kgCO_2/台班）

1. 什么是碳中和？

2. 什么是碳达峰？

3. 简述双碳目标提出的背景和意义。

4. 建筑全过程包含哪些阶段？

5. 什么是建筑碳排放？

6. 写出施工阶段碳排放测算公式。

7. 简述施工领域为我国实现碳中和采取的手段。

第 6 章

绿色施工典型案例分析

导读：本章包含三个工程案例，分别是：1）长沙国金中心项目、2）大连中心裕景ST1塔楼、3）上海市街坊灵石社区保障房项目。三个案例各有特色，其中案例1的特色为绿色施工新技术及创新应用、案例2的特色为四节一环保的各项措施、案例3则是典型的装配式建筑工程项目，同时绿色施工方案完整翔实，对四节一环保的各项举措和建筑业十项新技术均有说明，本章节三个案例可为施工企业开展绿色施工提供有价值的参考意见。

　　本章节中案例1工程总承包单位中建二局，案例2、案例3工程总承包单位均为中建八局，其中，案例1，2来源于互联网，案例3为中建八局吴洲工程师提供，感谢以上施工企业和人员的大力支持。

6.1 案例1：长沙国金中心项目

6.1.1 工程概况

　　如图6-1所示，长沙国金中心项目位于长沙市芙蓉区，毗邻黄兴路步行商业街，项目西侧是黄兴中路、南面是解放西路、东临蔡锷中路、北抵东牌楼街，处于闹市区，施工难度大。

图6-1　长沙国金中心

建筑面积共1002887m^2，其中地下368277m^2，地上634610m^2，地下7层（包括2层夹层），地上7层裙楼，T1塔楼95层，T2塔楼65层，塔楼T1屋面装饰体最高点452m，塔楼T2屋面装饰体最高点315m。项目建成后将成为湖南省第一高楼。

6.1.2 绿色施工相关措施

（1）环境保护

1）混凝土泵、电锯房、木工棚等设隔音罩采用吸音材料遮挡。

2）夜间室外照明灯加设灯罩，透光方向集中在施工范围，关闭或背向居民楼。

3）电焊作业采取遮挡措施，避免电焊弧光外泄。

（2）节材与材料资源利用

1）钢结构深化与优化

该工程总用钢梁为10万t，在开工之初建立了《钢结构深化管理制度》，并形成项目文件下发至各部门，钢结构深化设计严格按照制度进行设计、报审，避免错误，减少误差，优化钢构结构节点连接，精细化加工，以达到节约钢结构钢材用量，减少浪费的目的（图6-2）。

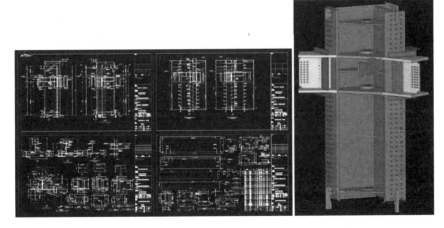

图6-2 优化后的三维图与平面图

2）钢板剪力墙用量的优化

根据以往的工程经验，建议设计改变钢板剪力墙形式，减少钢板剪力墙加强层数和优化连接方式，经过设计单位进行再次核算，最终将初步设计的钢板剪力墙底板由25层，改为核心筒外墙至地上8层、内墙至地上5层。之后通过吊次分析决定减少一台动力臂塔吊配置。节省大量钢材和能源。

3）核心筒钢结构—混凝土结构节点优化

T1塔楼由于需与钢板剪力墙连接的水平拉钩一层约5万个；此连接方式相当费材料，通过实验对连接进行2次优化，最终由钢筋接驳器连接优化为与搭筋板拉结和直接在钢板剪力墙上穿孔，由最初的20天一层减少至12天一层，且节约了钢筋接驳器约40万个。

4）工业灰渣混凝土条形板代替加气混凝土砌块

地下室和裙房的隔墙原设计全部采用加气混凝土砌体，项目以节约砌体材料、节省墙面抹灰、有利于现场文明施工和增大使用面积等几个方面同业主和设计协商，采用120mm厚实心隔墙板代替200mm厚混凝土砌体，节约了砂、水泥、水等自然资源（图6-3）。

图6-3　工业灰渣混凝土条形板

5）逆作法

逆作法施工技术：经前期论证，相较全部顺作法（内支撑）施工，本方案预计可以使地上部分结构提前60天结构封顶；且以正式梁板结构起到换撑作用，免去内支撑临时构件的施工、拆除，减少了社会资源的消耗，降低了工地废弃物的排放。

逆作区贝雷架上用于首层34m高度模板支设的主梁和次梁均采用塔楼外框钢梁和核心筒电梯井内钢梁型号，逆作区模板拆除后，可全部用于塔楼正式结构中，节省了逆作区施工中型钢支撑工具材料。

6）地下室超高、超厚外墙单侧支模体系施工

本工程外墙厚度为1.2m，最高层高为8.175m，且外墙与护坡桩空间仅为100～150mm，无任何空间进行外墙双侧的支模施工。

采用工具式单侧支模体系，一次组装后就可以周转位置使用，节约了劳动力，无须设置对拉螺杆，保证浇筑质量与防水效果，单侧支模体系稳定可靠，有效减少了模板变形，增加了模板循环使用的次数，节约支模材料。

7）模板的选配

核心筒模板体系选用铝合金＋WISA大模板配合使用。除核心筒外墙、电梯井内部分墙体设计为WISA大模板外，塔楼外框柱和其余墙、梯、梁、板模板均采用铝合金模板体系。新型模板循环利用率高，减少了对木材的消耗，混凝土成型效果好，节约抹灰材料。巨柱桁架式背楞，无须设置对拉螺杆。

本项目T1塔楼、T2塔核心筒梁板均采用铝合金模板，由于建筑功能的变化和机电管道的走向变化，局部楼面结构变化较多，考虑到节约铝材，对于变化层需要新增模板采用余下模板结合现场进行重新组合或进行改造处理，增加了模板循环使用次数，节约铝资源。

本项目T1塔楼设有5道桁架层，T2塔楼设有2道桁架层，通过对BIM 3D模型对构造分析，将标准层铝合金模板调动重组运用了桁架设备层，比原方案节省木模板用量70%，仅仅牛腿变化较大处运用木模板散拼，同时节省了施工时间。

8）超高泵送混凝土配合比

项目专门成立超高泵送混凝土配合比研究小组，结合国内外超高层超高泵送技术成功经验，提前设计、试验、优化超高泵送混凝土配合比，保证350m、460m的超高泵送质量，同时对材料利用进行优化配比，保证材料效能的充分发挥。

9）临时设施

本工程安全防护设施定型化、工具化、标准化、采用可回收材料。现场围挡采用装配式可重复使用围挡封闭。临建设施采用多层轻钢活动板房的标准化装配式结构。

（3）节水与水资源利用

1）施工中非传统用水源和循环水的再利用量大于30%。

2）现场设置蓄水池和沉淀池用于水资源储藏利用。降水、地下水通过设备抽取至进水池后，通过沉淀、用于冲洗车辆、洗泵、消防等，排水沟回流、水泵回抽循环使用，大大提高了水的利用率。

3）现场设置消防专用水箱用于消防安全，消防用水全部为地下岩隙水和现场收集的雨水。

（4）节能与能源利用

江边工人宿舍采用空气能热水器，为工人生活提供热水水源。空气能热水器具有高效节能的特点，制造相同的热水量，是电热水器的4～6倍，其年平均热效比是电加热的4倍，利用能效高。

（5）节地与施工用地保护

施工场地布置应合理并应实施动态管理。

充分利用原有建筑物、构筑物、道路、管线为施工服务。

优化基坑支护方案和深基坑施工方案，减少土方开挖和回填量，最大限度地减少对土地的扰动，保护周边自然生态环境。

利用和保护施工用地范围内原有绿色植被；约束和限制施工现场临时设施的建设；具备条件的均按照永久绿化的要求进行场地绿化。

（6）绿色施工新技术及创新技术应用

1）基于BIM技术优化方案

该工程运用BIM技术全面模拟施工，从模拟施工中分析施工可行性、施工成本、施工进度和质量安全等几个方面量化分析选出最终方案（图6-4）。

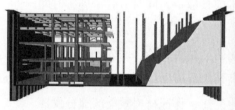 

地下室整体施工进度模拟　　　　　　　施工进度模拟剖面

图6-4　施工进度BIM模拟

该项目将基于欧特克软件平台创建的BIM信息库服务于施工项目管理。在施工前，项目团队依据设计蓝图构建项目整体BIM模型，同时对各专业设计图纸进行"错、漏、碰、缺"查验和优化，提前发现问题并及时沟通解决，最大限度减少施工过程中的因图纸问题而带来的损失，提高施工效率与工作质量。同时应用BIM技术对钢结构、施工进度模拟、方案优化，施工图纸深化强化各专业单位沟通协作，提高工作效率（图6-5）。

图6-5　长沙国金中心项目综合管线图（部分）

2) 铝合金模板体系应用

塔楼外框从标准层开始，采用铝合金模板体系作为外框劲性柱模板。由于外框柱截面尺寸大，且内含有大截面钢骨柱，在设计时采用桁架式背楞，无须在结构内设置对拉螺杆，加快了施工速度、保证了施工质量（图6-6）。

塔楼巨柱铝模板体系　　　　　　　塔楼核心筒铝合金模板体系

图6-6　铝合金模板体系

3) 高压泵送系统及布料机优化

T1塔楼选用两台21m中联重科布料机，T2塔楼选用两台19m中联重科布料机，均满足一泵到顶的要求。布料机设置在核心筒电梯井的爬模架体上，此种工况在竖向空间能够避开钢构件及爬模架体且能满足核心筒的混凝土布料要求（图6-7）。

图6-7　混凝土输送

4) 外框巨柱高空临边外挂式安全防护平台

T1塔楼及T2塔楼均存在外挂式动臂塔吊，由于外框水平结构的甩项，预留洞口处的劲性柱施工时无立面防护，经过前期讨论、对比和研究，决定采用集成式安全防护平台作为外挂式动臂塔吊处劲性柱施工安全防护平台（图6-8）。

5) 底板直径40mm钢筋采用专业半自动化加工设备

底板直径40mm钢筋采用专业传送、切割、套丝半自动化加工设备，保证直径40mm钢筋的切割和套丝质量，提高工人操作效率。

图6-8　外挂式动臂塔吊安全防护平台

6）远程协同

项目多方管理信息化技术是工程项目管理信息化技术以Internet为通信工具，以现代计算机技术、大型服务器和数据库技术、存储技术为支撑，以协同管理理念为基础，以协同管理平台为手段，将工程项目实施的多个参与方（投资、建设、管理、施工等各方）、多个阶段（规划、审批、招标投标、施工、分包、验收、运营等）、多个管理要素（人、财、物、技术、资料等）进行集成管理的技术。

7）视频会议系统

通过项目部与公司、项目部与项目相关方的网络，可以随时随地进行视频会议，提高工作效率，降低时间成本和车旅费用。

8）远程监控系统

在施工现场将建立远程视频监控系统，对施工现场的全貌、主要作业面、人员车辆的出入口进行视频监控。所有画面将通过建于施工现场的计算机局域网络提供给参建相关单位，并可通过项目网络与我单位中心计算机房的联接，可通过PC和移动设备进行远程现场监控。

9）装配式场地硬化技术

现场施工道路硬化采用可灵活周转使用的路基箱，降低临时设施成本，减少钢筋混凝土材料浪费。

10）支模架方案的优化之地承插键槽+轮扣式支模体系

本工程裙房结构采用承插型键槽式新型支撑体系，减少了扣件的使用和梁底主龙骨的材料投入，属于建设部推广的"十项新计划"。

11）新型混凝土节水保温养护膜应用

项目针对高强混凝土采用了新型混凝土节水保温养护膜，整片薄膜可以与混凝土表面良好粘贴，保湿效果可以达到14天以上，与传统养护方式相比，起到了节水节能、绿色环保的效果（图6-9）。

图6-9　新型混凝土节水保温养护膜

12）地下室底板及外墙使用预铺反粘法施工高分子自粘胶膜防水卷材

该类卷材较常规SBS防水卷材可不做卷材上的保护层直接实施钢筋混凝土浇筑，且冷作业、无明火、无毒无味、无环境污染及消防隐患，既降低了成本又安全环保，节约抹灰材料。

13）墙体单侧无螺杆工具式模板施工技术

本工程施工中总结的"墙体单侧无螺杆工具式模板施工技术"，已被评为湖南省省部级工法；2015年省部级科技工作（工法、课题及新技术应用示范工程）已完成申报。

6.1.3　案例总结

本项目为长沙市第一高楼，位于长沙市芙蓉区五一商圈和中央商务核心区，工程规模大、社会影响大、施工难度大。项目所在地除商务办公外，还有政府部门、学校、住宅等建筑，人员密集，故在施工阶段需要采取必要措施降低工程对周边环境的各类影响。本项目总承包商为中国建筑第二工程局有限公司，在中标合同中就已做出履约保证，项目在绿色施工方面将达到四项目标，包括：T1塔楼和T2塔楼达到美国绿色建筑委员会认证的LEED V4铂金级绿色建筑标准、住房和城乡建设部绿色施工科技示范工程、创建湖南省省级文明工地、国家"AAA"级文明工地、2020—2021年"鲁班奖"、科技推广示范工程（十项新技术应用示范工程）、2019年年度湖南省优秀工程勘察设计奖优秀建设工程设计类一等奖。项目团队不仅制定了完善的绿色施工方案，还应用一系列创新绿色施工技术来提高施工效率、保证质量和安全、节省工程材料，这也是本工程案例的亮点。

6.2 案例2：大连中心·裕景ST1塔楼项目

6.2.1 工程概况

如图6-10所示，大连中心·裕景位于大连市中山区大公街23号，地处青泥洼桥商圈，东临西岗区，西眺中山路，南向大连劳动公园，北临大连火车站，大连中心·裕景ST1塔楼建筑高度383.45m，消防高度350.39m，分为地下4层，地上80层。该工程的主体结构为钢骨及钢筋混凝土混合结构。位于周边的外框结构和中部核心筒是塔楼受力体系的核心部分，建筑面积17.5万 m^2。工程处于市中心位置，施工场地狭小，周边环境复杂。该项目总承包商为中国建筑第八工程局有限公司。

图6-10　大连中心·裕景ST1塔楼项目

6.2.2 绿色施工相关措施

（1）施工技术

1）混凝土配合比中用粉煤灰和矿粉代替水泥使用，减少了混凝土中水泥的使用量，降低了资源的消耗。

2）采用清水混凝土施工技术取消混凝土墙面抹灰，楼板混凝土施工提浆直接压光，取消楼地面砂浆层。这两种做法预计将减少砂浆用量2738m³。

3）钢筋接头采用机械连接，减少接头浪费量（图6-11）。用塑料垫块或高强混凝土垫块替代短钢筋控制保护层厚度，减少钢材的使用。

4）本工程主体施工采用高强度钢材减少资源消耗和能源的利用。本工程全部采用三级钢HRB400，整个工程用钢筋16500t，其中三级钢共15000t左右，规格从40～14mm。

5）现场施工后短木方采用接长技术，废旧小块模板采用拼接技术，达到废料再利用原则，减少模板、木方的用量，达到节材目的（图6-12）。

图6-11　直螺纹套筒钢筋连接　　　　图6-12　现场拼接木模板

6）外防护采用全钢液压爬架体系。定型分体钢板网替代普通塑料安全网防护，节省安全网等材料的使用量，保证了本工程爬模材料可以周转使用（图6-13）。

图6-13　定型分体钢板网

7）主体施工竖向结构采用可长期周转的全钢大模板。采用全钢大模板，不仅仅节省了工期，更重要的是节省了木材的消耗与使用，节约了资源（图6-14）。

图6-14　可长期周转的全钢大模板

8）模板支撑体系采用桁架支撑。

采用现场钢筋废料制作钢桁架支撑体系，节省了模板支撑的钢管、扣件用量。同时节省了人工，减少了钢材资源的消耗（图6-15）。

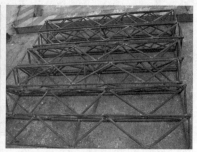

图6-15　钢筋废料制作钢桁架支撑体系

9）办公区、防护棚、防护设施、临时围挡等材料的可重复使用率达到92%。

现场办公室采用周转钢结构用房，钢筋加工区防护棚采用钢构件定型螺栓连接方式，分区围挡采用彩钢板防护，楼梯间临边防护采用方钢焊接定型防护可周转利用，电梯井口设置钢筋制作定型网片固定防护，钢结构操作平台设置定型钢操作平台（图6-16）。

10）现场B4层设置消防水池收集地表水、雨水，回收系统水池收集的水作为消防、养护、冲洗和部分生活用水。充分利用地表水及回收水，在地下4层设置5400m³贮水池，用于工程结构混凝土养护、现场清洁、消防等的使用，节约用水量达到35000m³（图6-17）。

11）地下室施工阶段，底板混凝土施工采用溜槽替代混凝土输送泵节约大量油耗，共浇筑19800m³（图6-18）。

图6-16 楼梯防护、防护棚采用可周转材料

图6-17 消防水池　　　　　图6-18 溜槽替代混凝土输送泵

12）对废弃材料二次利用，回收模板碎屑和混凝土垃圾（图6-19）。

图6-19 将回收的模板碎屑填充预留盒、将混凝土垃圾进行回填

（2）施工管理

1）前期策划：建设单位、设计单位、监理单位、施工单位在各自的职责范围内寻找绿色施工突破口，策划整个工程绿色施工的重点与实施策略。

2）宣传教育：中国建筑第八工程局有限公司（以下简称中建八局）作为工程总承包单位，高度重视绿色施工工作。为了提高全体管理人员与施工一线人员的绿色施工意识，在工地的主入口处、办公区、生活区、施工区加强绿色施工宣传（图6-20、图6-21）。

图6-20 绿色施工挂牌警示 　　图6-21 办公区通道入口处设置
"节能减排全民行动"徽标宣传警示

3)"四节一环保"管理措施(图6-22～图6-26):

①生活垃圾设置封闭式垃圾容器(垃圾桶、垃圾袋),并委托大连环卫部门每天及时清运。

②噪声排放符合国家及大连市标准,不进行夜间施工,降低排污费收取点,由原2个点22400元变为1个点11200元,降低噪声排污费、降噪费1300000元。

③地下室回填采用现场建筑垃圾,加强建筑垃圾的回收再利用,实现建筑垃圾减量化。

④在地下4层降板区域(60m×30m×3m)设置5400m³贮水池,充分利用地表水及回收水,用于工程结构混凝土养护、现场清洁、消防等的使用,节约用水量达到35000m³,降低成本约420000元。

⑤根据施工进度、库存情况合理安排钢筋、钢构件进场时间减少现场库存。

⑥本工程机电预留、预埋做到与结构施工同步。

⑦施工现场办公和生活的临时设施,在围护墙体、屋面、门窗等部位,使用保温隔热性能指标好的节能材料。

图6-22 现场照明定时供电, 　　图6-23 照明采用节能灯具
专人管理

⑧走道采用节能灯照明,生活区、办公区照明设备采用节能灯,楼道照明采用声控。有效地减少了电能的消耗,节约用电14400kWh。

图6-24 设置噪声仪对混凝土施　图6-25 易飞扬的细颗粒散体材料露天存放时
工、钢筋加工等各环节进行监控　　　　　　　　严密遮盖

图6-26 钢材进场按进度控制

6.2.3 绿色施工效益分析

(1)经济效益

1)使用196000个直螺纹套筒代替压力焊,节省焊材98000个×0.04kg/个=3.92t,节约成本3.92t×8000元/t=31360元。

2)模板支撑体系采用定型钢桁架支撑1880m²,节省钢管料具1880m²×66.6m/m²=125208m,节约成本24036元。

3)现场废旧短木方子采取接长技术,接长木方113m³,节省成本113m³×1980元=225000元。

4)剩余混凝土再利用、废料回填367m³,节省成本367m³×55元/m³=20185元。

5)地下室模板支撑体系采用早拆体系,节省钢管、扣件用量,废旧模板拼板3600m²并定型周转。节约木材3600m²×88元/m²=316800元。

6）定型钢模替代竹胶板节省模板3360m²，节约295680元。

7）外防护体系采用爬模体系施工节省钢管料具租赁费、人工费、车辆运输油耗1220000元。

8）防护用安全网采用钢丝网防护，替代传统安全网，提高周转利用率1700m²，节约成本1700m² × 8.2元/m²=13852元。

（2）社会效益

1）施工期间道路及市政设施无污染，得到大连市中山区环保局及区政府信任和好评，工程获大连市文明施工样板工地。

2）噪声排放达标，没有扰民，得到当地居民的认可，在社会各界获得一致好评，并与建设单位建立长期合作关系。

（3）油品等废料的收集利用节省了有效的社会资源，能源的消耗。

（4）能源、水资源、材料等节约及再利用，节省了资源，减少了"三废"的排放。

6.2.4 案例总结

大连中心裕景项目建成后是大连市地标性建筑，地处大连繁华商业区，周边有数座商业、政府办公楼、南向大连劳动公园，北临大连火车站，施工场地拥挤，周边环境复杂，工程体量大。工程总承包商中建八局按照建筑业协会《全国建筑业绿色施工示范工程管理办法》的要求，进一步规范管理，贯彻、落实"四节一保"的技术、管理措施。在工程设计阶段，中建八局即与设计方开展合作，倡导绿色建筑的概念，严格把好设计关，优化设计；工程开工前期组织策划，从技术、管理等方面组织论证，落实责任，执行有关标准，在主体结构施工、机电安装、幕墙设计、内外装修方面全面考虑绿色施工因素。2010年5月大连中心·裕景项目被中国建筑业协会授予绿色施工示范工程。本案例亮点在于项目方在施工阶段采取的一系列技术措施落实绿色施工"四节一环保"的要求。

6.3 案例3：上海市街坊灵石社区保障房项目

6.3.1 工程概况

如图6-27所示，本项目位于上海市静安区，南邻灵石路，西邻平型关路，北邻原彭江路。场地东侧为规划幼儿园，与本地块共用一条公共道路。本项目规划总用地面积为12021.4m²。规划总建筑面积45538.64m²，其中：地上总建筑面积30911.94m²，地下总建筑面积为14996.85m²。包括1～3号住宅、4～6号配套公建及地下车库组成。其中1号～3号住宅楼为装配整体式剪力墙结构，4号～6号配套公建及地下车库采用钢筋混凝土框架结构。

图6-27　上海市街坊灵石社区保障房项目

6.3.2　绿色施工目标

本项目目标为达到上海市建设工程绿色施工达标工地标准。项目绿色施工具体指标如表6-1所示：

项目绿色施工具体指标　　　　　　　　　　　　　　　　表6-1

序号	类别	项目	要求目标值
1	环境保护	扬尘控制	1.土方作业：目测扬尘高度小于1.5m； 2.结构施工：目测扬尘高度小于0.5m； 3.安装装饰：目测扬尘高度小于0.5m
		建筑废弃物控制	1.每万m²建筑垃圾产生量不大于400t； 2.建筑废弃物再利用率和回收率达到50%； 3.有毒、有害废弃物分类率达100%
		噪声与震动控制	1.各施工阶段昼间噪声≤70dB； 2.各施工阶段夜间噪声≤55dB

序号	类别	项目	要求目标值		
2	节材与材料资源利用	节材措施	就地取材，距现场500km以内生产的建筑材料用量占建筑材料总用量70%		
		结构材料	钢材损耗率≤1.75%，木材损耗率≤3.5%，商品混凝土损耗率≤0.7%。比定额损耗率降低30%		
		装饰装修材料	损耗率比定额损耗率降低30%		
		周转材料	工地临房、临时围挡材料的可重复使用率达到≥70%		
		资源再生利用	建筑材料包装物回收率100%		
		材料选择	所有项目不主动使用黏土砖		
3	节能与能源利用	能源指标（t标准煤/万元）	地基基础阶段	主体结构阶段	装饰装修阶段
			≤0.0188	≤0.0174	0.0162
		能源分类指标	用电指标		柴油指标
			≤0.0159t标准煤/万元（53kWh/万元产值）		≤0.0029t标准煤/万元（2.3L/万元产值）
		计划用量	1621747kWh		70377.7L
		分区用电指标	办公区用电指标	生活区用电指标	施工区用电指标
			≤0.00178t标准煤/万元（5.93kWh/万元产值）	≤0.00363t标准煤/万元（12.10kWh/万元产值）	≤0.01049t标准煤/万元（34.97kWh/万元产值）
		计划用量	181452.07kW·h	370247.9kW·h	1070047.03kW·h
		施工用电与照明	节能设备和节能照明工具率达到100%		
4	节水与水资源利用	水资源指标（m³/万元）	地基基础阶段	主体结构阶段	装饰装修阶段
			≤3.8	≤3.651	≤3.502
		水资源分类指标	城市水资源指标		非传统水源指标
			2.66m³/万元		1.14m³/万元
		计划用量	81393.34m³		34882.86m³
		分区用水指标	办公区用水指标	生活区用水指标	施工区用水指标
			0.5672m³/万元	0.9498m³/万元	2.283m³/万元
		计划用量	17355.75m³	29062.93m³	69857.52m³
		提高用水效率	节水型产品及计量装置配置率达100%		
		非传统水源利用	非传统水源和循环水的再利用率≥30%		
5	节地与施工用地保护	临时用地指标	临建设施占地面积有效利用率大于90%		
		施工总平面图布置	职工宿舍使用面积满足2.5m²/人；办公区、生活区设置沉淀池、隔油池、化粪池，设有防堵、防渗、防溢出措施，严禁将废水、油污、粪便等污染物直接排入下水道或河道内		

6.3.3 绿色施工相关措施

（1）管理措施

1）综合性管理措施（表6-2）

	宣传教育措施	表6-2
1	现场绿色施工宣传标示图	项目在绿色施工宣传方面，不但在现场围墙处张贴形象生动的"四节一环保"宣传标示图，并且在桩基、主体阶段对总包及各分包管理人员进行绿色施工培训，此举普及了管理人员绿色施工方面的知识及提高绿色施工意识
2	绿色施工培训	项目定期组织不同类型的绿色施工培训，并形成模式，做好培训记录
3	绿色施工管理制度	1）节约型工地制度；2）文明施工管理制度；3）施工质量管理制度；4）环境保护制度；5）节能管理制度；6）节材与资源利用制度；7）节水与水资源利用制度；8）节约土地管理制度

2）职业健康（表6-3）

	职业健康措施	表6-3
1	现场食堂管理	1）食堂卫生管理制度；2）食堂卫生消毒制度；3）炊事人员卫生制度；4）食堂卫生"四不"制度；5）预防食物中毒制度；6）食品采购质检、留样制度
2	职业健康安全保障	1）防毒措施；2）防噪声措施；3）防尘措施；4）通风措施；5）预防食物中毒制度；6）防寒、降温措施；7）作业人员预防措施；8）工作场所预防措施
3	环境卫生防疫管理	为了进一步加强工地环境卫生防疫工作的管理，促进工地环境卫生检查工作经常化、制度化，特制定如下制度： 项目部每周对卫生工作进行一次检查，重点检查工地及生活区的环境卫生，检查要求按上海市施工现场环境卫生检查评分标准进行，凡低于80分（含80分）的责任班组除对责任区重新清理外，责任人处以100元罚金，超过95分的奖100元。 项目部每月30日对施工区域及生活区域的环境卫生进行全面检查，检查使用表式按《建设工程工地卫生检查评分表》进行。 每月综合检查情况应对各责任人进行卫生、防疫考核，考核要求使用公司制定的卫生防疫考核表进行。考核低于90分高于80分的不奖不罚，高于90分的每一分奖10元，低于80分的每一分罚20元
4	突发疾病、疫情应急预案	在项目经理部成立由项目经理任组长的"传染病防治领导小组"。并设立卫生所，配专职医生，专门负责施工人员的健康观察和一般疾病治疗，以及传染病的防治和施工队人员体温的收集、汇总、抽查。并积极与当地卫生防疫部门建立联系，共同构建防疫体系
5	职业健康安全制度	

（2）环境保护专项措施

1）扬尘控制

①扬尘控制目标（表6-4）

扬尘控制目标 表6-4

1	土方作业阶段：目测扬尘高度小于1.5m
2	结构施工阶段：目测扬尘高度小于0.5m
3	安装装饰阶段：目测扬尘高度小于0.5m

②扬尘控制措施（表6-5）

扬尘控制措施 表6-5

1	桩基阶段为抑制扬尘，增加场地喷水设施，减少扬尘的产生
2	施工现场出口设置车辆冲洗设备，保证出场车辆清洁。运送土方、垃圾、设备及建筑材料等，做到不污损场外道路。运输容易散落、飞扬、流漏物料的车辆，做到封闭严密。施工现场出口设置洗车槽
3	项目部在挖土、结构施工阶段，作业区目测扬尘高度。对易产生扬尘的堆放材料采取覆盖措施；对粉末状材料封闭存放；对场区内可能引起扬尘的材料及建筑垃圾搬运采取洒水、地面硬化、围挡、密目网覆盖、封闭等有效措施，防止扬尘产生
4	清理楼层垃圾时，搭设封闭性临时专用道或采用容器吊运
5	结构施工阶段，楼体采用防尘布封闭
6	粘贴宣传标语，让绿色施工扬尘控制深入每个人的心中，绿色施工从你我做起，从身边做起
7	在工程围墙内部种植绿化，防尘防水土流失
8	项目部成员派专人每周做扬尘目测检查并记录在案，保证扬尘在可控范围内，若超出标准，及时采取抑尘和降尘急措施

③扬尘监测点平面布置

扬尘监测设置监测点，在各阶段检测时在各点部进行检测，并实时记录，地下结构完成后保留场外检测点。依次进行检测。

2）建筑废弃物控制

①建筑废弃物控制目标（表6-6）

建筑废弃物控制目标 表6-6

1	每万m^2建筑垃圾产生量不大于400t
2	建筑废弃物再利用率和回收率达到50%
3	有毒、有害废弃物分类率达100%

②有毒有害废弃物分类

a.每年建筑工程将产生大量的建筑垃圾,其中好多垃圾对环境有较大污染,例如甲醛、重金属等垃圾污染尤为严重。为贯彻绿色施工,我司将垃圾分类存放,统一清运出场地,避免环境的严重污染。

b.项目部对施工现场产生的各类垃圾实施分类存放。生活区设置封闭式垃圾容器,施工现场生活垃圾实行袋装化。通过建立有毒有害物垃圾分类站点,让垃圾有序放置,使垃圾分类率达到100%,符合绿色施工的要求。

③废弃物回收再利用的各类措施(表6-7)

废弃物回收再利用措施   表6-7

1	剩余混凝土预制过梁、水泥块	结构地下施工阶段,多余混凝土浇筑现场地面进行硬化 	地上结构阶段,多余混凝土回填地下结构周围、预制混凝土过梁及水泥块
2	钢筋余料回收利用	利用钢筋余料制作马凳、箅子等 	
3	废旧木板回收利用		
4	结构废料再利用	在结构施工阶段项目部利用建筑垃圾(废弃轻质砌块)主要用于施工场地及工程临时汽车坡道、垫层等。蒸压加气混凝土砌块废料作为屋面找坡层利用,如不能再次利用,需作为建筑垃圾处理,污染环境,如能再次利用,既节约了原材料(陶粒混凝土、泡沫混凝土),又能减少建筑垃圾对环境的污染 	

3）水土污染控制资源保护

①水土污染控制目标

本工程水污染目标为污水排放达到规范标准。

②水土污染控制措施（表6-8）

项目部在结构施工阶段根据现场施工、办公及生活区域的分布，合理地规划了现场排水系统。其中，沿着施工现场围墙一圈设置排水沟，每10m设置一个雨水井；污水、雨水分流排放；污水排放设置沉淀池，针对食堂污水设置隔油池，生活区设置化粪池等。

水土污染控制措施 表6-8

1	施工现场围墙一圈设置排水沟，定期清理疏通；污水、雨水分流排放
2	污水排放设置沉淀池，针对食堂污水设置隔油池，生活区设置化粪池等
3	对排放的污水，项目部每月进行生活区、施工区、办公区水质pH值测试，对测试过程中发现的问题进行原因分析，并实施纠正和预防措施。污水监测见平面布置图纸，污水监测记录见台账
4	项目部在桩基及围护阶段，桩基围护施工阶段在场地设置泥浆沉淀池，后期加固施工现场不具备设置废浆池的条件下，配备泥浆箱，所有废浆采用泥浆槽罐车外运处理，现场禁止随意废浆排放
5	项目部对于油料的储存地，设置有严格的隔水层设计，并做好防渗漏及收集和处理工作

4）光污染控制

①光污染控制目标

本工程光污染目标达到环保部门的要求，不扰民，无相关方投诉。

②光污染控制措施（表6-9）

光污染控制措施 表6-9

1	项目部采取措施避免或减少施工过程中的光污染。夜间室外照明灯加设灯罩，透光方向集中在施工范围
2	电焊作业采取遮挡措施，避免电焊弧光外泄
3	夜间施工照明必须向工地内照射，并对照明用灯等进行加固处理，所有照明灯具加设防护罩，灯具向下30°进行照射

5）噪声与振动控制

①噪声与振动控制目标

本工程场界噪声控制目标为昼间≤70dB，夜间≤55dB，不扰民，施工期间无相关方噪声污染投诉。

（3）噪声污染控制措施（表6-10）

噪声控制措施　　　　　　　　　　　　　　　　　表6-10

1	项目部按施工阶段组织人员对施工场界噪音进行实时监测与控制，每天进行，若有夜间施工，则对夜间施工进行加测 
2	搭建封闭式木工加工间，工人佩戴防尘口罩及防噪耳塞，控制施工现场噪声
3	现场大力推广低噪声设备，减少高噪声设备的使用，如栈桥拆除时，为减弱噪声，使用低噪声的链绳式切割机
4	建立噪声检测台账，对测试过程中发现的问题进行原因分析，并实施纠正和预防措施

（4）节材与材料利用措施

1）节材目标（表6-11）

节材目标　　　　　　　　　　　　　　　　　　表6-11

1	钢材损耗率≤1.75%
2	木材损耗率≤3.5%
3	商品混凝土损耗率≤0.7%
4	临时围栏重复使用率大于70%
5	就地取材小于500公里的建筑材料用量占总建筑材料用量的70%以上
6	物资出入场台账清晰

2）节材措施（表6-12）

节材措施　　　　　　　　　　　　　　　　　　表6-12

1	物资进出场措施	采购物料时经营部门、材料部门货比三家，做到质优价廉，以降低工程成本；积极物色节能材料。施工现场建立主要材料进场和使用制度，建立综合台账，按阶段进行统计、对比、分析，并采取相应调整措施
2		建立材料采购、进场、领用、退料管理流程和制度，制定材料消耗定额和合理损耗额度，建立材料采购、消耗台账，实行限额领料制度。项目施工材料采用绿色环保材料，积极采用高强钢筋、高强混凝土、预拌砂浆等材料及其他高性能、高耐久性材料，促进材料的合理使用，节省高消耗材料的使用量

3	物资进出场措施	就地取材，施工主材选用距现场较近的建筑材料，500km内的建筑材料用量占总建筑材料用量的70%以上；选择合适的运输工具、运输方法和装卸机具，减少材料的运输、装卸损耗；进入施工现场材料分类堆放，露天堆放材料有防潮、防晒、防雨措施
4		本项目根据设计要求，采用高强钢筋，根据施工顺序进行钢筋翻样、钢筋下料，做到钢筋不浪费并根据施工进度，提前下料，合理安排材料的进场时间，减少了库存，做到了限额领料
5		材料运输工具适宜，装卸方法得当，防止损坏和遗撒。现场材料堆放有序，储存环境适宜，保管制度建立健全，责任落实明确
6	钢材节约措施	横向通长钢筋采用直螺纹连接技术。针对本工程，直径16mm以上的钢筋采用直螺纹接头连接，减少传统钢筋绑扎、搭接连接钢材的消耗。节约钢材使用
7		项目部搭建废钢收集点，及时回收废钢筋并加以利用
8		优化立柱桩施工方案，钢格构柱采用工厂化制作与加工，减少措施用钢
9		采用标准化防护围挡，它可以灵活地适用于各类临时性安全防护措施中，并可以减少安全隐患，取代了一般现场使用的钢管防护栏，节约反复搭设防护栏杆的钢材；标准化的防护围挡安装、拆卸方便，省省人工；公司各项目均使用标准化设施，可多次流转使用，初步统计可周转10次，极大地节约材料
10	木材节约措施	本项目根据结构形式，经过多次策划，针对各个部位制定模板排架施工方案，并根据现场情况，实时对方案进行优化，争取缩短施工周期，节省脚手架搭设
11		在结构施工阶段，利用结构分块施工流水作业的施工优势，对模板和木方进行合理的周转，节省了木材用量
12		使用合适的运输工具、运输方法和装卸机具，减少材料的运输、装卸损耗。进入施工现场材料分类堆放，露天堆放材料有防潮、防晒、防雨措施
13		为了节约模板，项目部还根据多个工地施工的特点，利用其他工地结构施工后的旧模板，经整修后再利用于措施结构，减少了新木模的投入，以节约成本
14		项目部根据本工程具体情况，积极采取措施，并及时进行对模板使用前涂刷隔离剂进行维护，提高周转使用率
15		使用铝合金模板，提高周转，降低材料消耗
16	混凝土节约措施	统筹安排混凝土浇捣，浇捣大方量时剩余量用于浇捣小方量，减少余量的浪费
17		项目部在混凝土浇捣的方量测算时，做到计算精确，施工前组织人员仔细核对，确保数据准确。每次浇筑前的混凝土方量预报单需经过项目工程师签字后才向商品混凝土厂家发货，在向商品混凝土厂家定货时，严格控制余量，估量准确，不造成浪费
18		施工过程中严格控制模板支模尺寸及板面标高，浇捣混凝土时，设置标明50cm线，随时观察面标高
19		本工程注重混凝土的级配优化及施工管理和施工操作方案的优化，控制水泥的用量和每次混凝土浇捣后余量的利用。向搅拌站预定混凝土时，加强与供商的沟通，以确保最后二车数据的准确，不造成浪费，最大限度减少混凝土的浪费，达到节约的目标
20		本工程竖向结构及地下室顶板及底板基本采用高性能混凝土，保证结构质量和防水

绿色建造管理实务

（5）节能与能源利用

节能与能源利用措施（表6-13）

节约能源措施 表6-13

1	分区供电	本工程实行分区供电，分为施工区、办公区、生活区三大区域，共设置5个总表，生活区设置1个分表，办公区设置1个分表，施工区设置3个分表	
2	生活区节能措施	本工程生活区宿舍未配备市电220V交流电源，而是使用24V低压供电系统，此种措施从根源上消除了用电安全隐患，实现了节约能源、降低成本。与此同时，生活区采取了一系列节能措施，如自制低压照明与手机充电器、空气源热泵等	
3	办公区节能措施	办公室每间装2盏2×18W节能灯，且白天尽量不开灯，使用自然光源照明，办公室所有管理人员养成随手关灯的习惯。办公室内配备二级节能空调，且控制空调开启时间，室内温度在5～33℃时不使用空调，设定温度冬季不高于20℃，夏季不低于26℃ 	
4	施工区节能措施	施工现场照明使用250WLED节能灯，取代3.5kW镝灯，在满足施工现场照明的情况下，大大降低了能耗。每个节能灯配备独立的专用电箱，采用时控开关，每天定时开关节能灯用于现场照明，对照明时间进行严格控制 	
		施工电梯前室、安全通道以及主体结构内部楼梯间采用24V/12W的LED灯泡，LED灯与白炽灯、普通节能灯等相比亮度更大更节能 	
5	大型机械设备选用与管理	塔吊	根据目前招标图纸核算，本工程地下阶段主要以钢筋混凝土结构为主，地上阶段主要以PC构件吊装为主，吊装工程规模大，为满足现场施工进度节点要求计划共采用3台塔吊：地下阶段采用2台T6513型塔吊，地上阶段采用3台T7020型塔吊。两台塔吊基础采用组合式基础+钻孔灌注桩；另外一台采用板式基础+钻孔灌注桩
		施工电梯	本工程设置3台SC200/200施工电梯，覆盖3栋高层住宅

（6）节水与水资源利用

1）水源的选取

本项目水源为市政供水管网生活与消防合用一套临时供水系统，供水点位于项目东南角，管径$DN100$。在室外设置$DN100$的镀锌钢管给水管环网，沿围墙及道路旁明敷，穿过道路下翻埋地。按施工现场消防规范规定，每120m或小于120m布置$DN150$消火栓一个。室外消防用水从室外消火栓处取水。本工程的室内区域采用水泵加压供水，立管管径选用$DN100$，每栋塔楼设置2根$DN100$的消防立管，并在主体结构封顶后，两根立管在顶层连通。室外消防最大用水量20L/s，室内消防最大用水量15L/s，室内外最大一次消防用水量35L/s。楼内最大用水量及消防用水量，即15L/s。

2）循环水沟的设置

本工程在施工现场四周设置了一圈循环水沟，连接现场的循环沉淀池、雨水回收装置、排水管、洗车槽，将现场产生的废水进行收集并再次利用，通过沉淀池沉淀，将较为洁净的废水通过水泵装入蓄水箱，将无法循环使用的污水排入市政污水管网。收集到的循环水可用于现场生产及冲洗车辆等。

3）采用节水型产品

办公和生活区采用节水型产品，生活区与卫生间采用节水龙头，控制水量、堵截滴水漏水。浴室间内采用节水型淋浴，在出水量相同的条件下，最大喷洒面积。卫生间配备感应小便器，保证清洁的同时降低了冲厕用水量。本工程节水型产品配备率达到100%。浴室、水池安排专人管理，做到人走水关，严格控制用水量。

（7）节地与施工用地保护

1）节地目标

临时用地指标：临建设施占地面积有效利用率大于90%。

施工总平面布置：职工宿舍使用面积满足2.5m²/人。

2）节地措施

临建用房多层化，为了节约现场临建用地，除门卫、标准养护室、厕所、浴室等不宜多层搭建的临建房以外，其余临建房均应优先考虑采用多层化搭建的方式。

6.3.4 创新技术措施

（1）建筑业十项新技术

重视项目的施工组织总设计的编制和审批，重点考虑施工方案的多方案比较和优化，积极做好建设部关于建筑业10项新技术推广应用和实施绿色施工导则的工作，达到节能降耗的要求。积极应用建设部及中国建筑第八工程局有限公司（以下简称中建八局）推广的"十项新技术"（表6-14），主要包括：

中建八局推广的"十项新技术"   表6-14

序号	新技术项目名称	应用部位
1	工具式铝合金模板技术	主体结构
2	深基坑降水与回灌平衡技术	基坑施工阶段
3	蒸压加气混凝土砌块墙电气导管免开槽技术	二次结构施工阶段
4	地下工程预铺反粘施工技术	基础施工阶段
5	环境监测及降尘联动系统应用技术	结构施工阶段
6	施工现场自动喷洒防尘技术	结构施工阶段
7	施工现场除尘降噪技术	结构施工阶段
8	基于BIM+RFID的物料追溯平台应用技术	PC施工阶段
9	虚拟样板展示技术	结构施工阶段
10	中建八局BIM协同管理平台	结构施工阶段

（2）技术创新与利用

建筑业是以消耗大量的自然资源以及造成沉重的环境负面影响为代价的产业。据统计：建筑活动使用了人类所使用能源总量的40%。因此，在建筑领域中遵循可持续发展原则，将对人类实现可持续发展发挥极其重要的作用。如今，人类已越趋关注清洁、无污染自然能源，自然能源的利用将大大改善自然环境。

1）工地宿舍配电技术

①工作原理

根据以往经验和公司标准化图集中宿舍照明为36V白炽灯及2.5mm²铜线和手机集中充电室。工地宿舍配电优化后自行发明宿舍采用24V LED灯＋手机充电系统，电线使用1.5mm²即可。

传统做法为板房二层的空调室外机一字排开安装在一层地面并且电源安装至宿舍内。优化后宿舍及办公区空调室外机统一安装在宿舍外墙上，此做法提高了空调室外机的安装高度减少了室内外机的高差，从而2层平均每台空调节省了3m铜管、电源线、冷媒保护管。同时也将空调布线利用冷媒保护管一同布置在板房外表面，一次成型，施工更简便。

②优势

节省了巨额电费，材料费和人工费，同时大大提高了安全性，降本增效。

③经济效益

a.材料节约：由于宿舍利用自制手机充电器作为电源，节省了单独配置电源插座的费用，所以与传统电源插座相比较节省材料主要为以下三类：

BV2.5mm²线：

工人宿舍楼每层9间共2层，全长33m，层高2.9m，共有2栋，每2间共用一个回路（表6-15）。

工人宿舍电线用量 表6-15

区域	工程量（m）	单价（元/m）	总价（元）
每层	550	1.8	990
每栋	1100	1.8	1980
2栋	2200	1.8	3960

管理人员宿舍楼每层5间共3层，全长18.2m，层高2.9m，共有1栋，每3间共用一个回路（表6-16）。

管理人员宿舍电线用量 表6-16

区域	工程量（m）	单价（元/m）	总价（元）
每层	400	1.8	720
每栋	1200	1.8	2160

PVC电线槽：

一栋楼约120m，80×40mm、PVC线槽，共3栋楼（表6-17）。

PVC电线槽用量 表6-17

区域	工程量（m）	单价（元/m）	总价（元）
每栋	120	7	840
3栋	360	7	2520

插座：

按每间房有6人同时充电设计需配置3组2孔USB插座。共有2栋工人宿舍楼及1栋职工宿舍楼（表6-18）。

插座用量 表6-18

物资名称	工程量（只）	单价（只/元）	总价（元）
USB插座	236	≈12	2832

以上为传统做法材料共计：电线+线槽+插=3960+2160+2520+2832=11472元。

根据公司框架协议价格人工费约为：3874+3360+3407=10642元。

自制充电器成本24元/只，2栋工人宿舍楼及1栋职工宿舍共计46间房，材料费共计3056元。安装人工费约为：4000元。

b.人力节余

采用室内充电系统，不用设置专门的充电室，节省人力。充电室需配备专人照看，最低工资按1500元算，根据施工进度，节省效益=1500×24=36000元。

c.LED灯循环利用

假设正常LED灯的使用年限为4年，本工程施工1年，即LED灯可用于下个工地的使用。效益计算方法=56×25%×200=2800元。

2）空气热泵技术

①系统工作原理

空气源热泵是逆卡诺原理制冷，从空气中吸收热量来制造热水的"热量搬运"装置。通过让工质不断完成蒸发（吸取环境中的热量）→压缩→冷凝（放出热量）→节流→再蒸发的热力循环过程，从而将环境里的热量转移到水中。

②系统优势

a.高效节能：集热效率高，运行成本低。（同比用电量是电热水器五分之一）；

b.绿色环保：高新科技的结晶，代表未来发展方向；

c.安全节约：无后顾之忧，初装费低，一元钱当五元钱花；

d.四季制热：阴雨天或寒冷冬季，均能全天候合成高温热源。

6.3.5 案例总结

本案例为中建八局担任总承包商的上海市保障房项目，也是典型的装配式建筑工程，是建筑工业化的典型案例。本项目力争成为上海市绿色施工达标工地，故在项目前期即做了周密详细的绿色施工方案。本案例以"四节一环保"为框架，针对绿色施工要求的环境保护、节材、节地、节能、节水要求开展了大量具体工作。同时，项目还积极应用建筑业十项新技术，并对工地宿舍配电技术、空气源热泵技术进行了技术创新。此外，绿色施工方案完整详细也是本案例的亮点之一，可为施工企业今后开展绿色施工提供有价值的参考意见。

第7章

绿色施工未来发展

导读：本章内容是对绿色施工未来发展做出的一些展望和讨论，当前，绿色施工的法规和技术标准还不够完善，政府也缺乏相应的激励措施，针对这两点，本章对未来发展政策提出了一些建议；此外，绿色施工技术还在不断进步和发展中，尤其是进入信息时代，传统施工管理模式也要积极拥抱新技术对原有的管理方法升级改革，提高施工管理的信息化水平；而在施工人才培养方面，不管是高等院校还是施工单位，也应积极顺应新形势，设立绿色施工岗位，培养绿色施工人才，探索绿色施工人才的资格认证体系。

7.1 绿色施工政策建议

7.1.1 完善绿色施工法规与标准

　　建设部于2007年颁布的《绿色施工导则》是国家首次面向建筑行业提出的绿色施工指导原则，该导则对建筑工程施工提出了"四节一环保（节能、节地、节水、节材和环境保护）"的总体目标，明确了绿色施工总体框架的组成，确立了实施原则，是建设工程实施绿色施工的基本指导文件。2010年11月，住房和城乡建设部发布了《建筑工程绿色施工评价标准》GB/T 50640—2010，该标准由中国建筑股份有限公司和中国建筑第八工程局有限公司会同有关单位编制完成，以《绿色施工导则》为依据，构建了绿色施工评价指标体系，建立了绿色施工评价方法，制定了绿色施工评价的基本程序，是对绿色施工开展量化评价的依据。2014年1月29日，住房和城乡建设部再度发布了《建筑工程绿色施工规范》GB/T 50905—2014，该规范进一步明确了建设、设计、施工、监理在绿色施工方面的职责，明确了参加各方在施工各阶段、各专业工程中应采取的绿色施工措施。2021年3月，为贯彻落实绿色发展理念、推进绿色建造、提升建筑工程品质、推动建筑业高质量发展，住房和城乡建设部发布了《绿色建造技术导则（试行）》，主要从"绿色策划""绿色设计""绿色施工""绿色交付"等四个方面对如何推动建筑业高质量发展，并对推进绿色建造工作提出了具体技术要求。同之前颁布的《绿色施工导则》相比，将绿色可持续发展思想贯穿到建筑全寿命周期内，并加强了对新兴科技的推广应用，包括

BIM、物联网、大数据、云计算、移动通信、区块链、人工智能、机器人等，号召建筑行业积极采纳新型信息技术，整体提升建造业工业化、信息化水平。

除了住房和城乡建设部在国家层面颁布的一系列行业标准，各地住房和城乡建设主管部门也针对绿色施工颁发了一系列规范性文件和地方标准，比如北京市的《绿色施工管理规程》DB11/513—2008、《北京市建筑业绿色施工示范工程评选办法》；《上海市建设工程绿色施工管理规范》DG/T J08—2129—2013、《上海市建设工程绿色施工指导画册》；《深圳市绿色施工评价标准》等。然而，尽管从国家到地方对绿色施工已经出台了一系列标准规范，目前，在绿色施工相关法律和行业标准上仍然存在着不完善的地方，譬如：在《建筑法》及相关建设工程行政法规中，目前缺乏对绿色施工概念的界定，以及对绿色施工主体责任的相关阐述，各地区普遍缺乏绿色施工实施指南，绿色施工评价体系不完善、不统一，《绿色施工导则》执行力度不够等。这些法律法规和行业标准的不完善导致了建筑企业因缺乏相关依据和标准而盲目地选择新技术、新工艺、新设备，产生大量增量成本、效益低下，严重阻碍了绿色施工的发展。

未来，国家和各地区建筑行业主管部门应完善绿色施工相关法律法规，对绿色施工的实施主体和主体责任做出明确界定和阐述。政府制定相关措施加强绿色施工导则的执行力度，同时政府和建筑行业相关协会应积极组织行业专家和有影响力的企业共同制定绿色施工实施指南，完善绿色施工评价机制，为全行业推广执行绿色施工提供参考依据。

7.1.2 制定绿色施工激励政策

施工企业开展绿色施工，需要采用新技术、新工艺、新设备、新材料，实行控制噪声、扬尘等环境保护措施以达到"四节一环保"的目标，这势必会增加施工企业的技术成本和管理成本，而目前，建筑施工企业平均利润率仅在3%，成本的提高会进一步降低企业利润，从而打击企业开展绿色施工的积极性。未来，政府可考虑针对施工企业在新技术、新工艺、新设备、新材料以及有创新性的环境保护措施方面给予一定的经济奖励或者财政资助、补贴，鼓励施工企业积极研发新技术、新工艺，主动应用新设备、新材料，激励施工企业将绿色创新技术、工艺应用在具体的工程实践中。

以日本为例，政府在节能技术研发方面，有较明确的资助政策：前沿研究领域的投入基本都由政府来负担，而到了实用开发阶段，日本政府会提供二分之一或者三分之二的补助，最后进入示范研发阶段，国家会再提供一半的资助。加拿大政府也出台了一系列针对绿色建筑、绿色施工的财政激励措施，包括低息贷款、税费减免、经济补贴等，资助范围涵盖新建筑和既有建筑，住宅建筑与商业建筑，资助对象包括建筑开发商、施工单位、甚至是私人房屋所有者都可以申请。其他国家的这些激励政策可为我国今后为鼓励绿色施工技术的研发和应用提供借鉴。

除经济激励措施之外，未来也可以由各级政府或者建筑行业协会举办各种绿色建筑工程评价评优活动。目前，主要由中国建筑业协会评选全国绿色施工示范工程，然而该评选对项目的建筑面积与合同金额设置了门槛，未来可将参与申报条件放宽，鼓励更多的中小型施工企业、中小型项目参与进来。

7.2 绿色施工技术发展

《绿色建造导则》中，提到未来要加强在建筑行业推广应用的新兴技术，包括BIM、物联网、大数据、云计算、移动通信、区块链、人工智能、机器人等，从而整体提升建造手段信息化水平。本书在第4章中对这些新兴信息技术以及这些技术目前在建筑领域的应用展开了介绍，然而，这些技术目前在建筑行业的应用尚面临一些限制，比如图像识别精准度不够，人工智能算法误报率较高的问题，而这些技术自身也都处于不断进步和升级的过程中，未来，还需要建筑企业和广大相关领域科研机构共同努力，加强理论研究、优化技术手段，使得新兴技术可以更高效精准得应用于建筑行业。

21世纪是新思想新技术不断涌现的年代，除上述已经在建筑行业中应用的新技术，还有些新概念正在被人们提出，变成现实，比如当下被热烈讨论的元宇宙概念，还有光储能技术等，未来都需要科技人员的不断探索和发现，建筑行业也应积极拥抱新思想，主动采纳新技术，提高建筑行业的生产力，革新生产关系，最终彻底实现建筑行业生产方式工业化、绿色化的变革。

7.3 工程绿色管理制度

当前建筑工程施工管理还是以传统的工程管理模式为主，对于开展绿色施工的项目，承包商会编制绿色施工方案，在方案中设定绿色施工目标和要采取的各种措施，建立管理制度、确定责任人，以保证"四节一环保"目标的达成。将来，若想更严格更广泛地开展绿色施工，需要从当下传统的工程管理模式做出改变，比如考虑将绿色可持续发展的思想引入到工程管理的各个阶段中，建立绿色工程管理的机制、政策标准和技术方法，形成完整的建筑工程绿色管理体系，指导建筑工程最大限度节约资源、能源，减少对生态环境的负面影响。

一般来说，传统的工程管理导向是"在资源约束条件下，最优地实现工程项目目标和达到规定的工程质量标准"，而绿色工程管理的导向则是"以人为本、可持续发展"，绿色工程管理模式将全面强调人的重要性；同时综合考虑经济发展、社会效益、环境保护等目标，强调节约资源能源、保护环境和减少污染；绿色工程管理将贯穿于项目的全生命周期，包括项目策划、建筑规划、建筑设计、工程招标投标、工程施工和运营管理等阶段，从始至终贯穿项目的建设和运营，推动绿色工程技术能够得到合理和最大限度的应用。

7.4 绿色施工人才培养

培养绿色施工人才对将来广泛深入推广绿色施工至关重要。对企业来说，一方面要在企业内部加强施工人员的培训，包括绿色施工准则、评价标准、"四节一环保"措施、创新绿色施工技术，以及 BIM、物联网、人工智能等应用于建筑行业的新兴信息技术等。另一方面，施工企业应与各高等院校加强合作，为在校大学生提供实习实践机会，让学生们早日了解建筑行业，了解绿色施工，为施工企业储备人才。施工企业还可根据需求，设立绿色施工员，绿色工程项目经理等岗位，从岗位设置上，加强对绿色环保理念的重视，并将绿色施工的任务明确规定到岗位职责、岗位任务中。

目前，一级、二级建造师是建筑工程行业最主要的执业资格之一，建造师资格考试科目包括《建设工程经济》《建设工程项目管理》《建设工程法规及相关知识》《工程管理与实务》四门，未来，人社部和住房和城乡建设部等建造师执业资格考试组织管理部门或可考虑对考试内容进行改革，将绿色施工、建筑行业低碳发展等内容加入考试中，以便加强建筑施工行业从业人员对绿色施工要求、措施的掌握。此外，政府或者相关行业协会也可推出绿色建造师执业资格，为有志于从事绿色施工、绿色建造领域的人员提供专门的执业资格认证制度。

参考文献

［1］ 肖绪文，罗能镇，蒋立红，马荣全.建筑工程绿色施工[M].北京：中国建筑工业出版社，2013.

［2］ 李守富.浅谈绿色施工的概念、发展、措施[J].建筑科技与经济，2019.（03）

［3］ 王春英.浅谈创建节约型工地、节约型施工企业[J].科技风，2009（13）：43.

［4］ 马荣全.绿色施工概念解析及推广应用[R].中国建筑第八工程局，2018.

［5］ 陈国钦.建设工程项目绿色施工策划研究与探讨[J].福建建筑，2015（6）：3.

［6］ 汪道金.绿色施工检查应注意的问题.中国建筑业协会绿色施工分会.2015.2.3

［7］ 陈新.BIM技术在建筑工程绿色施工中的应用[J].价值工程，2017，36（12）：3.

［8］ 姚锐，陈爽.论述绿色建筑施工技术要点[J].建筑工程技术与设计，2017，（11）：1027-1027.

［9］ 钱仁兴.基于绿色施工理念下建筑施工管理探析[J].科技创新与应用，2017（17）：245-245.

［10］ 张桂云.绿色施工技术在建筑工程中的实践运用[J].建筑工程技术与设计，2015，（22）：205-205.

［11］ 王艳.房屋建筑绿色施工技术应用研究[D].东南大学，2019.

［12］ 韩建坤.建筑工程绿色施工管理研究[D].石家庄铁道大学，2019.

［13］ 郭晗，邵军义，董坤涛.绿色施工技术创新体系的构建[J].绿色建筑.2011.01.

［14］ 刘晓宁.建筑工程项目绿色施工管理模式研究[J].武汉理工大学学报.2010.22：51.

［15］ 马志恒，沈黎明，张冠洲，等.基于物联网的绿色施工评价体系研究[J].江苏建筑，2018（5）：118-120.

［16］ 建筑界：了解绿色建造内涵，住建部专业人士解读《绿色建造技术导则（试行）》[DB/OL].https：//www.jianzhuj.cn/news/56197.html.2021.4.15.

［17］ 中华人民共和国住房和城乡建设部.关于做好《建筑业10项新技术（2017版）》推广应用的通知[EB/OL].（2017–10–25）.http：//www.mohurd.gov.cn/wjfb/201711/t20171113_233938.html.

［18］ 杨富春，王静，谭丁文.《建筑业10项新技术（2017版）》信息化技术综述[J].建筑技术，2018，v.49；No.579（03）：66-71.

［19］ Chen, K., W. Lu, Y. Peng, S. Rowlinson and G. Q. Huang (2015). "Bridging BIM and building: From a literature review to an integrated conceptual framework." International Journal of Project Management 33(6): 1405-1416.

［20］ Tang Xiaoqiang. Research on Comprehensive Application of BIM in Green Construction of Prefabricated Buildings[J]. IOP Conference Series: Earth and Environmental Science, 2021, 760(1).

［21］ Dave, B., A. Buda, A. Nurminen and K. Främling (2018). "A framework for integrating BIM and IoT through open standards." Automation in Construction 95: 35-45.

［22］ 赫志东. 5G物联网在施工管理过程中的应用前景分析[J]. 工程技术研究, 5(18): 2.

［23］ Alsafouri, S. and S. K. Ayer (2018). "Review of ICT Implementations for Facilitating Information Flow between Virtual Models and Construction Project Sites." Automation in Construction 86: 176-189.

［24］ Behzadan, A. H., S. Dong and V. R. Kamat (2015). "Augmented reality visualization: A review of civil infrastructure system applications." Advanced Engineering Informatics 29 (2): 252-267.

［25］ Ding, Z., S. Liu, L. Liao and L. Zhang (2019). "A digital construction framework integrating building information modeling and reverse engineering technologies for renovation projects." Automation in Construction 102: 45-58.

［26］ Du, J., Y. Shi, Z. Zou and D. Zhao (2018). "CoVR: Cloud-Based Multiuser Virtual Reality Headset System for Project Communication of Remote Users." 144(2): 04017109.

［27］ 陶飞, 刘蔚然, 张萌, 胡天亮, 戚庆林, 张贺, 隋芳媛, 王田, 徐慧, 黄祖广, 马昕, 张连超, 程江峰, 姚念奎, 易旺民, 朱恺真, 张新生, 孟凡军, 金小辉, 刘中兵, 何立荣, 程辉, 周二专, 李洋, 吕倩, 罗椅民. 数字孪生五维模型及十大领域应用[J]. 计算机集成制造系统, 2019, 25(01): 1-18.

［28］ Darko, A., A. P. C. Chan, M. A. Adabre, D. J. Edwards, M. R. Hosseini and E. E. Ameyaw (2020). "Artificial intelligence in the AEC industry: Scientometric analysis and visualization of research activities." Automation in Construction 112: 103081.

［29］ 次晓乐, 王静, 董建峰, 等. 以绿色施工评价为导向的信息化绿色施工管控平台研究与框架设计[J]. 土木建筑工程信息技术, 2019, 011(004): 13-19.

［30］ 刘创, 周千帆, 许立山, 等. 智慧、透明、绿色的数字孪生工地关键技术研究及应用[J]. 施工技术, 2019, 48(01): 9-13.

［31］ 王艺蕾, 陈烨, 王文. 基于数字孪生的绿色建筑运营成本管理系统设计与应用[J]. 建筑节能, 2020, 48(09): 64-70.

［32］ Liu, Z., W. Bai, X. Du, A. Zhang, Z. Xing and A. Jiang (2020). "Digital Twin-based

Safety Evaluation of Prestressed Steel Structure." Advances in Civil Engineering 2020：8888876.

[33] 罗永康.浅析大数据技术在建筑施工技术中的应用前景[J].山西建筑，2020，46（16）：180-182.

[34] 向广旭，周卫杰，钱海波，等.智慧工地在绿色施工中的应用研究[J].绿色建筑，2020，012（001）：P.44-47.

[35] 韩豫，张泾杰，孙昊，等.基于图像识别的建筑工人智能安全检查系统设计与实现[J].中国安全生产科学技术，2016，12（010）：142-148.

[36] 薛磊，曹旌，李尧，等.基于图像识别的施工人员安全作业行为监测方法及系统：CN111027388A[P].2020.

[37] 庞树玉.建筑施工扬尘污染源自动识别方法研究[J].环境科学与管理，2020，v.45；No.270（05）：111-116.

[38] 崔源声，孙继成，宁夏.中国商品混凝土行业低碳化发展的十大途径探讨[C]//中国与亚洲混凝土可持续发展论坛暨全国商品混凝土技术与管理交流大会.中国硅酸盐学会；亚洲混凝土协会，2011.

[39] 林远煌，彭春元，韦虹，等.低碳混凝土问题思考[J].材料研究与应用，4（4）：4.

[40] 肖绪文，刘星.关于绿色建造与碳达峰，碳中和的思考[J].施工技术.

[41] 仇保兴.城市碳中和与绿色建筑[J].城市发展研究，28（7）：9.

[42] 王广明，刘美霞.装配式混凝土建筑综合效益实证分析研究[J].建筑结构，2017，10（v.47；No.454）：37-43.

[43] 禹朋，岑晓倩，熊洪业，等.基于LCA装配式木结构民居的建造过程碳排放计算[J].科学技术创新，2019（11）：108-110.

[44] 张峻.被动式住宅不同屋顶构造的碳排放比较研究——以低层农村住宅为例[D].山东：青岛理工大学，2015.

[45] 韩叙，武振，张海燕，等.装配式木结构建筑国外发展经验借鉴[J].住宅产业，2019（6）：5.

[46] 敬红彬.林业提升碳汇和建筑业降碳路径分析[J].节能与环保，2021（3）：26-27.

[47] 江亿，胡姗.中国建筑部门实现碳中和的路径[J].暖通空调，2021，51（5）：1-13.

[48] 廖虹云.推进"十四五"建筑领域低碳发展研究[J].中国能源，2021，43（4）：7-11.

[49] 吴文伶，刘星，冯建华，等.建筑工程施工机械碳排放研究[J].施工技术，2021，50（13）：118-122.

[50] IEA，CSI. Technology Roadmap–low carbon transition in the cement industry. https：//www.iea.org/reports/technology-roadmap-low-carbon-transition-in-the-cement-industry

[51] 白玫.中国水泥工业碳达峰、碳中和实现路径研究[J].价格理论与实践，2021（04）：4-11+53.

［52］陈兴华，苑庆涛，任余阳.我国绿色施工技术的发展与展望[J].建筑技术，2018，49
（6）：644-647.

［53］徐雷，董立娜，印娟娟.加快绿色施工实施的对策研究＊——基于经济效益分析的视
角[J].建筑经济，2016，37（3）：106-109.

［54］王金南，蒋洪强，程曦，等.关于建立重大工程项目绿色管理制度的思考[J].中国环
境管理，2021，13（1）：5-12.

［55］黄宇琪.北京上海地区绿色施工政策体系简述[J].建筑监督检测与造价，2016，9
（2）：16-20.

［56］李大寅.日本建筑节能环保方面的法律法规[J].住宅产业，2008（12）：2.

［57］Rana，A.，R. Sadiq, M. S. Alam, H. Karunathilake and K. Hewage（2021）. "Evaluation
of financial incentives for green buildings in Canadian landscape." Renewable and
Sustainable Energy Reviews 135：110199.

［58］薛小龙，赵泽斌，麦强，安实等.重大工程管理理论——科学结构与创新发展[M].北
京：科学出版社，2019.7.1.

［59］中国建筑能耗研究报告（2020），能耗统计专业委员会，中国建筑节能协会.

北京绿色建筑产业联盟
文　件

京绿盟评【2022】21号

关于印发绿色建造师专业技术水平考试管理办法
（试行）的通知

各会员及有关单位

　　为贯彻党中央、国务院关于低碳环保绿色发展战略部署，落实《国务院办公厅关于促进建筑业持续健康发展的意见》（国办发〔2017〕19号）、《国务院办公厅转发住房城乡建设部关于完善质量保障体系提升建筑工程品质指导意见的通知》（国办函〔2019〕92号）、《住房和城乡建设部办公厅关于印发绿色建造技术导则（试行）的通知》要求，推动建筑业转型升级和城乡建设绿色发展，逐步实现绿色生产生活环境。依据北京绿色建筑产业联盟《章程》和业务范围，制定《绿色建造师专业技术水平考试管理办法》，予以印发。

北京绿色建筑产业联盟

二〇二二年六月二十日

全文如下：

绿色建造师专业技术水平考试管理办法（试行）

第一章　总　则

　　第一条　为规范绿色建造师专业技术水平考试（以下简称"专业技术水平考试"）管理，根据中共中央办公厅国务院办公厅印发《关于分类推进人才评价机制改革的指导意见》等相关规定，制定本办法。

　　第二条　北京绿色建筑产业联盟（以下简称"绿盟"）是绿色建造专业技术水平

考试的组织机构，负责组织考试工作。

第三条　北京绿色建筑产业联盟的考试工作接受政府有关职能部门的监督检查。

第二章　组织机构职责

第四条　绿盟统一组织考试工作，履行以下职责：

（一）制定考试规则；

（二）确定考试科目，制定考试大纲；

（三）组织编写、出版、发行考试统编教材；

（四）编制考试预决算；

（五）确定考试方式、考试时间和考试频次，发布考试计划和公告；

（六）组织命题工作；

（七）组织考务工作；

（八）公布考试成绩；

（九）对考试违纪情况进行处理；

（十）建立考试信息系统；

（十一）受理考试相关事项的咨询；

（十二）与考试有关的其他职责。

第五条　绿盟制定的考试大纲、题库经命题委员会专家组评审后实施。

第三章　考试与报名

第六条　绿色建造师分为一级、二级，报名参加绿色建造师专业技术水平考试的人员（以下简称"报考人员"），应当符合下列条件：

（一）具有完全民事行为能力；

（二）考试报名截止之日，年满20周岁的在校大学生，可报考二级绿色建造师。年满26周岁的行业从业人员，可报考一级绿色建造师；

（三）具有建设工程相关专业大专及以上文化程度；

（四）绿盟规定的其他条件。

第七条　有下列情形之一的人员，不能报名参加考试；已经办理报名手续参加考试的，报名及考试成绩无效：

（一）不符合第六条规定的；

（二）以前年度参加从绿色建造师考试时，作弊或扰乱考场秩序受到禁考处分，禁考期限未满的。

第八条　绿色建造师专业技术水平考试科目由科目一和科目二组成。科目一：绿色建造技术概论；科目二：绿色建造管理与实务。

第九条　考试实行百分制，60分为成绩合格分数线。每科考试成绩合格的，报考人员取得该科成绩合格证明。科目一和科目二考试成绩合格后，可以申请绿色建造师专业技术证书，在绿盟考试网www.bjgba.com查询证书实效性；获得证书的人员每两年需要补齐不低于30学时的继续教育证明。

第十条　绿盟建立考试信息系统，记录参加考试人员个人基本信息，包括考试科目、考试时间、考试过程、考试成绩、考试现场采集照片、违纪违规信息等。

考试合格人员由绿盟在www.bjgba.com网上统一向社会公布。

第四章　命题管理

第十一条　考试命题按照考试大纲的要求，遵循标准化、规范化、专业化的原则，保障专业技术水平考试的公信力。

第十二条　考试命题工作采用专家命题与社会征题相结合的方式。绿盟聘任专家组成命题委员会，负责组织专家命题。

第十三条　命题委员会由行业企事业单位、咨询机构、大专院校、社会团体以及社会研究机构等有关专家组成，负责确定试题题库的架构设计，命题工作规范与工作流程。

第十四条　命题委员会专家对入库前收集的考试题目采用集中审题方式，进行三轮审核，组建考试题库。题库管理人员要不断对题库进行动态维护和更新，持续完善题库建设，优化题库试题结构与内容，确保考试试题的安全性和时效性，以适应行业最新发展需求。

第十五条　命题委员会综合考虑考试大纲、难度系数、知识点分布等要素，从题库随机抽取试题，组成考试试卷，同时生成试卷答案和评分标准。在组成试卷后，命题委员会审题专家依据设定的组卷模板对试卷进行整体审核。考试试卷以电子数据的形式保存，考试试卷的保存和传输应当遵守国家和绿盟有关保密规定。

第十六条　命题人员应与绿盟签署保密承诺书，严格遵守国家及绿盟有关保密规定。

第十七条　命题人员有违反绿盟考试保密相关规定的，绿盟予以解聘；情节严重的，可依照有关规定做出处分或者移交相关部门追究其责任。

第五章　考试实施

第十八条　绿盟组织实施考务工作。考务工作是指绿色建造师专业技术水平考试的考试报名、考区考点设置、考场安排、考场监督、试卷评阅、考试成绩和考务信息管理等。

第十九条　绿盟根据需要可委托社会专业考试服务机构和地方行业协会协助承担部分考务工作，并与其签署协议，规定所承担考务工作的标准和要求，明确双方的权利和义务，并严格按照实施方案组织考试。

第二十条　绿盟按照国家有关规定制定考场规则。考试考场的设置应符合计算机考试方式的标准与要求。

第二十一条　主考、监考、巡考等人员要认真履行职责，监督报考者遵守考场规则。

第二十二条　报考人员应当符合本办法第六条规定的条件，在联盟www.bjgba.com网上按要求填写报名表，交纳报名费；或者在所在就近区域的考试服务机构按要求填写报名表，交纳报名费。报考人员应当保证其提供的信息真实、准确和完整。

第二十三条　报考人员在规定的考试时间，携带有效身份证件、准考证等到指定考场参加考试（准考证在绿盟www.bjgba.com网上下载打印）。有效身份证件包括居民身份证、护照等合法有效身份证明文件。

第二十四条　遇有严重影响考试秩序的事件，考试服务机构应立即采取有效措施控制局面，并迅速报告绿盟。因系统有误或自然灾害等原因致使考试时间拖延或者需要重新考试的，考试服务机构报绿盟批准后，可进行顺延或者组织重新考试。

第二十五条　考试成绩由绿盟在考试结束之日起10个工作日内公布，参加考试人员可以通过绿盟www.bjgba.com网上或指定的其他方式查询考试成绩。

第二十六条　参加考试人员对考试成绩有异议的，应当在成绩公布之日起10个工作日内向绿盟提出书面异议。绿盟自受理之日起10个工作日内予以处理。

第六章　考试纪律

第二十七条　报考人员不符合报名条件，弄虚作假参加考试的，绿盟一年内不受理其专业技术水平考试报名申请；已经参加考试的，取消其考试成绩。

第二十八条　报考人员有以下情形之一，经监考人员提醒后不改正的，该科考试成绩按无效处理：

（一）携带规定以外的物品进入考场或者未放在指定位置的；

（二）在考场或者其他禁止的范围内，喧哗、吸烟或者实施其他影响考场秩序行为的；

（三）在考试期间旁窥、交头接耳或者互打手势的；

（四）未经考场工作人员同意在考试过程中擅自离开考场的；

（五）将草稿纸等考试用纸带离考场的；

（六）其他一般违纪违规行为。

第二十九条　报考人员有以下情形之一的，该科考试成绩按无效处理，并在一年内不得报名参加考试：

（一）使用或提供伪造、涂改身份证件的；

（二）帮助他人作答，纵容他人抄袭的；

（三）抄袭或协助他人抄袭与考试内容相关材料的；

（四）使用或试图使用通讯、存储、摄录等电子设备的；

（五）恶意操作导致考试无法正常运行的；

（六）其他严重违纪违规行为。

第三十条　报考人员有下列情形之一的，该科考试成绩按无效处理，绿盟酌情给予其三年不得报名参加考试的处罚：

（一）教唆或组织团伙作弊的；

（二）由他人冒名代替参加考试或者冒名代替他人参加考试的；

（三）蓄意报复考试工作人员；

（四）其他情节特别严重、影响特别恶劣的违纪违规行为。其行为如果违反《中华人民共和国治安管理处罚法》的，由公安机关进行处理；构成犯罪的，由司法机关依法处理追究刑事责任。

第三十一条　绿盟对报考人员做出处分决定的，应告知其所受的处分结果、所依据的事实和相关规定。报考人员对其所受的处分有异议的，可以自受到处分之日起15个工作日内向绿盟提出异议，绿盟在受理之日起15个工作日内予以处理。

第三十二条　获得绿色建造师专业技术证书的人员存在第三十条情形的，绿盟可依暂停、撤销其绿色建造师专业技术证书效力。

第三十三条　绿盟工作人员及其他考务人员在考试工作中玩忽职守、徇私舞弊的，视情节轻重按照有关规定进行处理。

第三十四条　试题、答案及评分标准在启用前均属于保密文件，任何人不得以任何方式泄露或者盗取。考试工作中发生泄密事件的，由绿盟组织查处，对涉嫌违反保密规定的，由绿盟会同政府有关部门组织查处。

第七章 附 则

第三十五条　绿色建造师专业技术水平考试依据理事会批准的标准收取考试报名费，并按规定的用途使用，接受审计监督。

第三十六条　若政府主管部门或绿盟对考试有特别规定的，从其规定。

第三十七条　港、澳、台地区居民以及外国籍公民符合条件参加考试的，参照本办法执行。

第三十八条　本办法由绿盟负责解释，自颁布之日起实施。

北京绿色建筑产业联盟

二〇二二年六月十日